张绍升　吴梅香　刘国坤　肖　顺　张锦恒

编著

蔬菜病虫害速诊快治

海峡出版发行集团 | 福建科学技术出版社
THE STRAITS PUBLISHING & DISTRIBUTING GROUP | FUJIAN SCIENCE & TECHNOLOGY PUBLISHING HOUSE

图书在版编目（CIP）数据

蔬菜病虫害速诊快治 / 张绍升等编著. -- 福州：福建科学技术出版社, 2025.3

ISBN 978-7-5335-7266-2

Ⅰ. ①蔬… Ⅱ. ①张… Ⅲ. ①蔬菜－病虫害防治 Ⅳ. ①S436.3

中国国家版本馆CIP数据核字(2024)第079344号

出 版 人　郭　武
责任编辑　李景文
编辑助理　黎造宇
装帧设计　刘　丽
责任校对　林锦春

蔬菜病虫害速诊快治

编　　著　张绍升　吴梅香　刘国坤　肖　顺　张锦恒
出版发行　福建科学技术出版社
社　　址　福州市东水路76号（邮编350001）
网　　址　www.fjstp.com
经　　销　福建新华发行（集团）有限责任公司
印　　刷　福州德安彩色印刷有限公司
开　　本　889毫米×1194毫米　1/32
印　　张　7.25
字　　数　210千字
版　　次　2025年3月第1版
印　　次　2025年3月第1次印刷
书　　号　ISBN 978-7-5335-7266-2
定　　价　38.00元

PREFACE

前言

蔬菜产业是我国农业主导产业之一，对于促进农民增收和乡村振兴具有重大作用。蔬菜是人们日常生活中必不可少的餐桌食品，生产优质安全的蔬菜产品是保障餐桌安全和人们身体健康的必然要求。蔬菜在生长过程中会发生多种病虫害，有些病虫害对蔬菜生产会造成毁灭性危害。因此，必须对蔬菜病虫害进行准确诊断，采用安全高效的绿色防控措施，保障蔬菜安全生产。

作者长期从事蔬菜病虫害诊治研究，现将实际工作中获得的第一手资料和积累的点滴经验整理成册，为蔬菜生产提供病虫害诊断和防控的实用技术指导。本书对蔬菜病虫害速诊快治的原理和技术进行了系统阐述，并以病虫害症状类型为线索、病虫害病例为代表，用彩色照片展示病虫害症状、病菌及害虫形态，便于读者对病虫害快速诊断。另外，还简要介绍了各类型的病虫害发生规律和防控技术。本书目录和附录具有病虫害检索功能，读者可以根据田间蔬菜发生的病虫害主要症状，从目录和附录中查找出相应的病虫害病例进行对比诊断，采取相应的防治措施。

因作者的经验和水平所限，书中难免有纰漏之处，恳请读者批评指正。

张绍升

2024 年 8 月于福建农林大学

CONTENTS

目录

一、蔬菜病虫害诊控原理和技术

二、肿结瘿瘤病

四、萎蔫枯萎根腐病

五、坏死腐烂病

六、斑点（叶枯）病

七、变色畸形病

八、

菟丝子害

九、

蔬菜虫害

CHAPTER One 一、蔬菜病虫害诊控原理和技术

蔬菜病虫害多数具有突发性和暴发性，传播速度快，危害性大。因此，对蔬菜病虫害的诊断和防控有很强的时效性。首先对蔬菜病虫害的发生要有预见性，对其发生规律要有较全面了解，抓好预测预报、做好早期诊断。其次，蔬菜病虫害防控必须根据病虫害预测预报和发生规律，选择相应的病虫害防控措施，把好适期防控关，把病虫害控制在始发期。

（一）蔬菜病虫害诊断

正确的诊断是有效防控病虫害的前提，只有及时准确诊断，才能对症防控。

症状识别是病虫害快速诊断的重要手段，害源（病原、病因、害虫）鉴定是确定病虫害性质和病虫害种类的重要依据。蔬菜种植户在生产实践中主要根据病害症状和虫害表症对病虫害种类进行识别和诊断。

蔬菜病虫害的症状诊断主要采用田间诊断法。现场观察病虫害的发生部位、症状（表症），病害和虫害在田间的传播特点，根据考察结果与提供的技术资料比对和分析，对蔬菜病虫害种类作出准确诊断。

1. 蔬菜病害诊断

蔬菜病害根据其病因分为侵染性病害和生理性病害。侵染性病害（传染性病害）是由菌物（真菌）、细菌、病毒、线虫、寄生性种子植物等生物因子引起的病害，这类病害会传染；生理性病害（非侵染性病害）是由养分失调、温度或光照不适、水肥供应失调、药害、肥害、大气污染、遗传或生理缺陷引起的病害，这类病害不会传染。

症状作为诊断病害的重要依据，包括病状和病征两方面。

病状是蔬菜发病后外部出现的形态病变，包括五大类型，即变色、坏死、腐烂、萎蔫和畸形。

变色：发病植株局部或全株色泽异常，表现为褪绿、黄化、花叶、斑驳、条纹、条斑等。

坏死：发病植株局部或大片组织的细胞死亡，表现为叶斑和叶枯。病斑分成黑斑、褐斑、灰斑、白斑、黄斑、环斑或轮斑；叶枯指在较短时间内叶片出现大面积组织枯焦。

腐烂：指植株根、茎、叶、花、果的组织较大面积的破坏、死亡和解体，有软腐、湿腐、干腐、黑腐、褐腐等。

萎蔫：植株失水萎垂，主要是由于根系和茎叶维管束坏死所致，有青枯、枯萎、蔓枯等。

畸形：植物的细胞和组织过度增生或抑制，出现矮化、皱缩、扭曲、卷叶、肿大等。

病征是病原物在发病部位形成的菌体结构。真菌性病害的病征有霉状物、粉状物、点状物、颗粒状物等，细菌性病害的病征为菌脓和病组织的喷菌现象。病毒病和生理性病不形成外部病征。

蔬菜真菌性病害：常见的有根肿病、枯萎病、霜霉病、白锈病、白粉病、锈病、疫病、灰霉病、炭疽病、菌核病。根肿病的病原菌有芸薹根肿菌和马铃薯粉痂菌。芸薹根肿菌侵染甘蓝、白菜、花椰菜等十字花科蔬菜，典型症状是根肿大；马铃薯粉痂菌侵染番茄，在根部和根茎部形成瘿瘤。枯萎病主要发生于黄瓜、苦瓜等葫芦科蔬菜，番茄、辣椒等茄科蔬菜以及豆科蔬菜，表现为根茎部维管束坏死和变褐色。蔬菜真菌性病害在发病部位通常有霉状物、粉状物、锈状物、小黑点和颗粒状物等，这些物体是真菌的菌丝体、菌丝组织和产孢组织。

蔬菜细菌性病害：常见的有萎蔫病、软腐病、斑点病（疮痂、溃疡、叶斑、角斑等）。萎蔫病中主要类型是青枯病，青枯病发生于番茄、辣椒、茄、马铃薯等茄科蔬菜和大豆、花生等豆类蔬菜，受害植株发生急剧萎蔫，茎叶保持绿色；马铃薯环腐病和番茄溃疡病引起植株萎蔫。软腐病发生于白菜、萝卜、莴苣等蔬菜，引起块根和茎叶等多汁和多肉组织糜烂，产生恶臭。由细菌引起的斑点病，在病斑周围通常具油渍状，叶片上的病斑呈多角状和不规则形状。蔬菜细菌性病害通常在湿度大的条件下，病组织会出现肉眼可见的黄色或白色菌脓，用显微镜检查病组织的切口处有喷菌（细菌从切口的地方溢出）是确诊细菌病害的最常用方法。

蔬菜病毒病：主要是花叶病，表现为植株矮小、畸形、叶片皱缩、叶色黄绿相间形成斑驳或花叶。这些症状通常先出现于新叶，并且在新展开的叶片症状较明显。茄科和葫芦科蔬菜病毒病的症状也表现在果实上，呈现斑驳、疱斑、坏死条纹等。

蔬菜线虫病：主要有根结线虫病、根腐线虫病和茎线虫病。蔬菜线虫病的地上部植株普遍表现为生长不良，矮化、黄化和萎蔫。蔬菜根结线虫病的病株根系出现根结或结瘿，蔬菜根腐线虫病的病株根系形成变色伤斑和根皮层腐烂，蔬菜茎线虫病表现为根系形成伤痕，茎、叶产生坏死斑和扭曲。发病的植物组织通过染色可以观察到入侵的线虫成虫、幼虫或卵。

蔬菜寄生性植物害：主要是菟丝子。蔬菜菟丝子害的症状表现为植株生长不良或枯死，可直接观察到菟丝子缠绕寄生于菜株上。

蔬菜的生理性病害：蔬菜的营养失调症目前在温室或大棚等设施蔬菜或无土栽培蔬菜中较严重。蔬菜缺素症有黄化、焦枯、畸形、生长衰退等症状；肥害通常以生长素引起的问题较突出，表现为畸形、生长受抑制或生长过度；药害表现为病组织坏死、褪绿黄化或植株生长受抑制。肥害和药害的诊断可以参考病害症状出现前的施肥和用药情况。设施栽培的蔬菜，由于温度和湿度失调，也可能造成冷害、热害、缺水或湿害。空气、水体和土壤污染造成的蔬菜病害表现为生长迟缓、坏死枯萎、开花结果受抑制等。环境污染引起的蔬菜病害诊断，可以参考周边的工厂及其排放物的化学成分。蔬菜的生理性病害在发病部位分离不到病原物、不会传染，田间短时期较大面积发生，无明显的发病中心。

蔬菜病害症状诊断简表

病害类别	症状诊断		
	病　状	病　征	传染性与病害分布
菌物性病害	坏死：斑点（炭疽斑、轮斑、角斑、条斑、穿孔）、叶枯； 腐烂：果腐、茎腐、根腐； 萎蔫：枯萎、猝倒、立枯； 畸形：根肿、瘿瘤	发病部位有真菌的菌组织：霉状物（菌丝体、孢子梗）、粉状物（孢子等）、锈状物（孢子堆）、粒状物（菌核）、点状物（子囊壳、分生孢子器等）	有传染性，田间有发病中心；植物幼嫩组织，伤口和衰老组织易受侵染。老叶或成熟组织症状明显
细菌性病害	坏死：斑点（疮痂、角斑、黑斑）、叶枯； 腐烂：软腐、环腐； 萎蔫：青枯、溃疡	发病部位会出现菌脓、菌块；病组织有喷菌现象	有传染性，田间有发病中心；植物幼嫩组织，伤口和衰老组织易受侵染。老叶或成熟组织症状明显
病毒病害	变色：褪绿、黄化、花叶、斑驳、条纹、环斑； 畸形：矮化、丛枝、皱缩、卷曲、耳突叶	无外部病征，有内部病征	有传染性，病害通过带毒种苗、昆虫介体传播，田间分布较分散。病毒病植株为系统感染，新梢新叶症状明显
线虫病害	变色：地上部植株黄化衰退，观察根部通常有根腐或根结等症状； 腐烂：根腐和根表皮伤痕； 畸形：根结或粗短根	病植株根组织和根际土壤中可以分离出病原线虫	有传染性，病害通过带虫种苗和土壤传播；田间病害呈块状分布
寄生性植物	变色：植株黄化衰退	发病的蔬菜植株上有寄生性植物寄生危害	有传染性，病害通过种子传播，田间通过藤蔓攀援传播
生理性病害	变色：失绿、黄化、白化、变紫、红化； 坏死：生长点焦枯，日灼斑，肥药斑； 萎蔫：茎叶凋萎，植株枯死； 畸形：皱缩、簇叶、矮化	无病征。与气候条件、土壤营养、水肥管理等有关	无传染性。病害通常大面积连片发生

蔬菜病害：症状（一）

肿结瘿瘤病：1. 根肿；2. 癌肿；3. 结瘿；4. 根结。霉粉锈核病：5. 疫霉；6. 霜霉；7. 白锈；8. 褐锈；9. 白粉；10. 灰霉；11. 青霉；12. 煤污；13. 菌核；14. 白绢。萎蔫枯萎根腐病：15. 枯萎；16. 青枯；17. 根腐。坏死腐烂病：18. 软腐；19. 干腐；20. 霉烂

■■ 蔬菜病害：症状（二）

斑点（叶枯）病：21. 炭疽；22. 黑斑；23. 褐斑；24. 角斑；25. 黑腐；26. 疮痂；27. 紫斑叶枯；28. 细菌性叶枯。变色畸形病：29. 花叶（病毒）；30. 环斑（病毒）；31. 卷叶（病毒）；32. 日灼斑；33. 冻害；34. 缺钾症；35. 缺锌症；36. 缺镁症；37. 缺钙症；38. 缺钙症；39. 除草剂药害；40. 矮壮素药害

2. 蔬菜虫害诊断

危害蔬菜的害虫有昆虫、螨类和软体动物（蜗牛和蛞蝓），这些害虫对蔬菜造成伤害称为虫害。虫害的诊断主要依据害虫在蔬菜植株上的危害状（伤口、伤痕、蛀孔、刺斑），植物受害部位通常有害虫虫体（成虫、幼虫、卵）和害虫的残尸残壳、粪便及分泌物。

根据害虫的取食方式将虫害分为三类：咬食性虫害、蛀食性虫害、吸食性虫害。蔬菜虫害的表症与害虫的取食方式有关。

咬食性虫害：咀嚼式口器害虫有蝶类和蛾类的幼虫，还有叶甲、叶蜂、蜗牛。这些害虫咬食蔬菜的各部分组织，造成机械损伤。例如小菜蛾和菜青虫咬食菜叶造成缺刻和孔洞，甚至吃光全部叶肉仅存叶脉。

蔬菜虫害类型

咬食性虫害：1. 菜青虫咬食包菜；2. 东方粉蝶幼虫咬食花菜叶。蛀食性虫害：3. 豇豆亮灰蝶幼虫蛀食豇豆荚；4. 烟青虫蛀食辣椒果；5. 瓜潜蝇蛀食西葫芦叶片；6. 美洲斑潜蝇蛀食黄瓜叶片。吸食性虫害：7. 红蜘蛛吸食番茄叶汁；8. 茶黄蓟马吸食辣椒果汁；9. 豇豆蓟马吸食豇豆花瓣蛀食性虫害：咀嚼式口器害虫有夜蛾类的幼虫，还有实蝇、潜蝇类、蛴螬、甲虫。这些害虫蛀食蔬菜的茎、叶、果，造成蛀孔和虫道。例如瓜实蝇蛀食瓜果，造成蛀孔、烂瓜；潜叶蝇蛀食菜叶叶肉造成网状虫道，叶片枯死。

吸食性虫害：刺吸式口器害虫有蚜虫、介壳虫、蓟马、蝽、螨等。这些害虫以口针穿刺蔬菜茎、叶、花、果等组织表皮，吸食蔬菜汁液造成伤害。蔬菜受害部位外表没有明显残缺与破损，常出现各种色斑和叶片皱缩卷曲。蚜虫、粉虱的成虫和若虫刺吸植物汁液，分泌唾液破坏叶绿素，被害组织表面出现黄白色斑点或导致植物生长畸形；蚜虫能传播蔬菜病毒病；粉虱、蚜虫体外分泌物可以供枝孢霉等真菌生长，引起煤污病。

（二）蔬菜病虫害防控

蔬菜病虫害绿色防控是保障蔬菜生产安全的重要手段，是促进蔬菜标准化生产、提升蔬菜质量安全水平的必然要求，是降低农药使用风险、保护生态环境的有效途径。蔬菜病虫害绿色防控技术的核心是通过生态调控、物理防控、生物防控和科学使用化学农药防控等环境友好型措施控制病虫害。

1. 蔬菜病害防控

（1）加强卫生防疫，清除初侵染菌源

种子处理：许多蔬菜病害由带菌带毒种子传染。为了确保使用不带病原菌的健康种子，无论是自留的种子或购买的种子在播种前都要经过晒种和种子消毒处理。

无病菜苗：枯萎病、青枯病和线虫病等可以通过育苗土壤传染。为了避免菜苗带病，育苗地应选择前作为水稻田或非菜园地的地块；用营养袋育苗时营养土要选用新土，并经阳光暴晒和药剂消毒后使用；也可以选用非土基质育苗。

田园卫生：多种病原真菌、细菌和线虫可以随病株残体在土壤中存活，

成为下茬蔬菜的初侵染源。因此，在蔬菜收获后必须及时清除病株、病根和枯死枝叶，翻土暴晒。在蔬菜生长期对枯萎病、青枯病等系统性侵染病害要及时拔除病株，对霜霉病、黑斑病、褐斑病等叶茎部病害要尽早清除植株上的衰老、枯黄和发病的叶片、枝条、茎秆，减少侵染菌源。

（2）加强健身栽培，搞好微生态调控

抗性利用：要重视蔬菜品种的抗病性，抗病品种选育有 3 条途径：①杂交抗病育种。我国针对严重危害十字花科蔬菜的芜菁花叶病毒病、霜霉病、黑腐病，危害黄瓜的枯萎病、疫病、炭疽病，危害番茄、辣椒的烟草花叶病毒病、黄瓜花叶病毒病和青枯病等病害的抗病育种工作取得很大成绩。②利用抗病砧木嫁接育苗。茄科蔬菜例如辣椒、番茄等，由于长期种植，菜园土产生连作障碍，青枯病、疫病、根结线虫病等土传病害发生严重，对这些病害可以通过选用抗病砧木嫁接育苗，进行防病栽培。用黑籽南瓜作砧木嫁接黄瓜可有效防控黄瓜枯萎病；选用番茄科砧 2 号作砧木嫁接的番茄能抗根结线虫病。茄子可选用托鲁巴姆品种作砧木防治黄萎病。③诱导抗性利用。施用氨基寡糖类、蛋白质免疫诱抗剂等，能提高植株抗病虫害能力。

土壤管理：①深翻和轮作。蔬菜收获后和种植前，深翻和暴晒土壤可以有效降低土壤中病原菌的初侵染菌源；轮作能有效预防多种重要的蔬菜病害。水旱轮作模式有水稻与蔬菜轮作、水生蔬菜与旱生蔬菜轮作，这些轮作方式预防蔬菜根结线虫病、枯萎病和青枯病；作物轮作采用病原物的寄主作物与非寄主作物，例如十字花科蔬菜与茄科蔬菜轮作，可以防治十字花科蔬菜根肿病和茄科蔬菜的青枯病。②土壤生态修复。长期种植蔬菜后土壤可能酸化、毒化、退化，土壤病原物积累导致土壤微生态失调等因素影响蔬菜生长。对恶化或衰退的菜地土壤可采用牡蛎壳粉土壤调理剂、贝壳粉土壤调理剂、虾蟹壳土壤调理剂、食用菌培养料渣几丁质土壤调理剂等进行土壤改良。这些调理剂含有丰富的碳酸钙、氨基酸、甲壳素等对农作物生长有利的营养物质，同时能诱导土壤中有益微生物生长、优化土壤微生态。③土壤消毒。氰氨化钙（石灰氮）是一种碱性肥料，同时又具有消毒、灭虫、防病的作用，能有效抑制根结线虫、根肿病等土传病害和害螺、蝼蛄等地下害虫。因此，对易发生土传病害或已经发生过土传病害的菜地在种植前先使用氰氨化钙进行土壤消毒处理。④改良土壤菌群。施用益生菌剂改造和优化土壤菌群。施用木霉菌或枯草芽孢杆菌能防控茎基腐病、根腐病、根肿病；选用多粘类芽孢杆菌、解淀粉芽孢杆菌能防控蔬菜青枯病、细菌性软腐病等病害；施用淡紫拟青霉菌、厚孢轮枝菌能防控蔬菜根结线虫病。

肥料管理：缺肥或营养失衡导致蔬菜生长不良，容易感染许多侵染性病害，也是许多缺素症的重要病因。因此，要重视施用有机肥，根据不同蔬菜的营养需求平衡施肥，根茎类、豆类、茄果类蔬菜要增施磷钾肥。合理施肥能促进作物生长，提高作物的抗病性和免疫力。

水分管理：提倡湿润灌溉，有条件的可以采用滴灌和喷灌等设施灌溉。要保证作物生长对水分的需求，促进作物健康生长；严防串灌和漫灌，可以有效降低蔬菜青枯病、枯萎病、根肿病、线虫病的传播和扩散速度。

（3）加强生物防控，精准使用化学农药

提倡使用生物农药：目前有多种生物农药可以用于蔬菜病害防控。枯草芽孢杆菌可防控蔬菜白粉病、灰霉病、大白菜软腐病；木霉菌可用于防控蔬菜灰霉病、霜霉病、立枯病和青枯病；荧光假单胞杆菌可用于防控番茄青枯病和灰霉病；解淀粉芽孢杆菌可用于防控黄瓜角斑病、番茄枯萎病和青枯病；淡紫拟青霉菌剂可用于防控蔬菜根结线虫病；氨基寡糖素可用于蔬菜病毒病。这些生物农药对人、畜安全，是环境友好型的绿色产品。

科学使用化学农药：蔬菜病害高效防控要做到 3 点：①对症用药——针对防控对象选择低毒高效农药。②适时用药——要根据病原菌的侵染期或作物的感病期来确定用药时间，选择在发病初始期施药，过早或过迟施药都达不到理想的防控效果。③适量用药——施用农药时要按农药说明书的要求，严格控制用药量、药剂浓度和施用次数，以免造成农药浪费、污染和药害。

番茄抗病苗嫁接

番茄抗病嫁接苗

番茄抗病嫁接苗田间长势

水肥一体化灌溉控制系统

无土基质栽培和滴灌

几种生物农药

淡紫拟青霉对根结线虫病和枯萎病防控效果：对照（左），防控（右）

蔬菜病害绿色防控技术

2. 蔬菜虫害防控

（1）强化生态防控

卫生防疫：害虫可在受害菜株残体、菜地周围杂草和其他宿主上生存，可以主动迁移扩散。因此，必须清理害虫的存活场所和切断传播途径，阻截害虫来源。

露地种植蔬菜时，蔬菜收获后要彻底清除菜地上残留的虫害株叶，清除栽培环境中的杂草和其他宿主植物，消灭和减少害虫迁移危害。田间使用防虫网时，防虫网四周要压实封严，防止害虫潜入产卵。小拱棚覆盖栽培时，拱棚要高于作物，避免菜叶紧贴防虫网，预防网外的黄条跳甲等害虫取食菜叶和产卵于菜叶上。

大棚种植蔬菜时，需要严格清洁棚室。前茬蔬菜采收后及时拉秧清棚，彻底清除残枝、落叶、落果、杂草、裸根等，于棚外集中无害化处理。夏秋季节，前茬蔬菜采收后可以利用高温焖棚杀死土表及棚体上的病菌、虫卵，也可以放水淹没菜地畦面 7 天，淹死土壤中害虫及虫卵后排除积水，让太阳暴晒 2~3 天后种植。

健康栽培：增施有机肥和生物菌肥；移栽无病虫的健壮种苗；合理肥水管理、合理密植；地面覆膜控制湿度；施用氨基寡糖类、蛋白质免疫诱抗剂等，提升植株抗病虫能力。

（2）应用理化防控

①理化诱杀。物理措施：杀虫灯、诱虫板（黄板、蓝板）等技术；生化措施：食物气味，昆虫信息素（性引诱剂、聚集素等）。

灯光诱杀：根据害虫较强的趋光、趋波的特性将害虫诱到一处，集中杀灭。常用的诱杀光灯有白炽灯、高压汞灯、黑光灯、频振式杀虫灯等，能有效诱杀蛾类、蝶类、飞虱、叶蝉等多种害虫成虫，降低田间落卵量，压低害虫基数。

色板诱杀：利用害虫的趋色性进行诱杀。如用黄板可诱杀蚜虫、白粉虱、斑潜蝇等；用蓝板可诱杀蚜虫、斑潜蝇、蓟马类的成虫。

气味诱杀：利用害虫对食物气味的趋性，在田间投放食源进行诱杀。如田间挂置糖醋盆可诱杀小地老虎、斜纹夜蛾成虫；在菜苗根部撒施炒香后拌入辛硫磷的豆饼粉可诱杀地老虎。

性诱剂诱杀：利用昆虫的性外激素诱杀同种昆虫的雄成虫，性诱剂也可使雄虫迷向，不能正常交尾。目前应用效果较好的有诱集小地老虎、斜纹夜蛾、甜菜夜蛾、小菜蛾的性诱剂诱芯。

②物理驱阻。驱避——在田间铺设银灰色地膜或悬挂银灰色膜可驱避蚜虫迁飞危害和传毒；阻隔——菜地覆盖防虫网、遮阳网、塑料薄膜进行防虫隔离栽培，阻断害虫传播路径。蔬菜栽培中覆盖防虫网基本能免除菜青虫、小菜蛾、甘蓝夜蛾、甜菜夜蛾、棉铃虫、蚜虫、斑潜蝇等多种害虫的危害。

（3）推广生物防控

植物源杀虫剂：某些植物制剂对某些害虫有独特杀灭能力。例如苦参碱可用于防控黏虫、菜青虫、蚜虫、红蜘蛛等害虫；烟碱水剂能防控蚜虫、叶螨、叶蝉、卷叶虫等害虫；藜芦碱用于防控菜青虫、棉铃虫、蚜虫、茶小绿叶蝉、白粉虱、蓟马、蝽等害虫。

昆虫生长调节剂：使用昆虫生长调节剂阻碍或干扰害虫生长发育、繁殖。例如双氧威（苯氧威）能抑制鳞翅目幼虫蜕皮、成虫羽化；除虫脲可抑制几丁质合成，阻碍害虫新表皮形成，可用于防控黏虫、螟虫、菜青虫、小菜蛾、甘蓝夜蛾、潜叶蝇等害虫。

以虫治虫：利用害虫的捕食性天敌和寄生性天敌防治害虫。

①天敌昆虫保护和利用。如保护七星瓢虫、小花蝽可有效控制蚜虫、红蜘蛛繁衍。

②天敌昆虫饲繁和利用。有些天敌昆虫可以人工饲养繁殖，例如蚜茧蜂和赤眼蜂。大棚温室蔬菜释放蚜茧蜂能有效控制蚜虫、白粉虱危害，释放广赤眼蜂能有效控制棉铃虫、菜青虫、小菜蛾危害。

以菌治虫：通常是利用微生物活体寄生和杀灭害虫，或利用微生物代谢产生的杀虫活性物质杀灭害虫。微生物杀虫剂分为活体微生物杀虫剂和农用杀虫抗生素。

①活体微生物杀虫剂。苏云金杆菌（BT）能防控烟青虫、菜青虫、小菜蛾；白僵菌能防控叶蝉、蛴螬等害虫；核多角体病毒、颗粒体病毒防控菜青虫、斜纹夜蛾、棉铃虫。

②杀虫农用抗生素。阿维菌素是一种高效、广谱的抗生素类杀虫剂，

可防控叶螨、瘿螨、茶黄螨、白粉虱、蚜虫、小菜蛾、菜青虫、潜叶蛾。浏阳霉素用于防控危害蔬菜的红蜘蛛及多种螨类。

（4）精准药剂防控

精准用药，一药多治：①根据防控对象选用农药。咬食性害虫和蛀食性害虫可选用胃毒剂或触杀剂农药；吸食性害虫可选用内吸性杀虫剂。②根据田间害虫种类选用农药。田间害虫单一发生，可以选用专化性杀虫剂。如果田间多种害虫混合发生可以选用广谱性杀虫剂，做到一药多治。例如：噻虫嗪可以防控蚜虫、粉虱、蓟马、介壳虫、跳甲等多种害虫。

科学施药，早治速控：蔬菜害虫随着代数增加虫口量迅速增长，同时为害虫态多发生于幼虫期。因此，虫害的防控要注重预测预报和加强田间检查，在虫害发生初期施药，控制其扩散和蔓延。

诱虫灯

虫情测报灯

诱虫器

诱虫板

防虫地膜

防虫网

蚜茧蜂（上）和赤眼蜂（下）捕食害虫

生物杀虫剂

蔬菜害虫绿色防控技术

3. 蔬菜残体秸秆资源益化利用

多种病原真菌、细菌、线虫和害虫可在受害菜株残体、菜地周围杂草、其他宿主上生存和繁衍，成为下茬蔬菜的初侵染源。因此，在蔬菜收获后必须及时清除田间残留的尾菜、病株残体，清除病原物和害虫的存活场所，切断传播途径，阻截病菌和害虫来源。蔬菜集约化栽培基地和大型的蔬菜生产企业，在生产过程中会产生数量巨大的蔬菜残体，对这种蔬菜生产中的废弃物可以进行资源化利用。

（1）利用蔬菜残体秸秆生产沼气

在大型的蔬菜种植企业可以建立沼气发酵工厂，利用蔬菜生产中产生的尾菜、残体、秸秆等有机物在密闭的沼气池内和厌氧条件下发酵生产沼气。沼气可作为企业员工生活中炊事和照明的能源，也作为企业蔬菜生产、产品加工和包装等所需能源。经沼气装置发酵后彻底清除了蔬菜残体上存留的病菌和害虫，沼气发酵后排出的料液和沉渣含有较丰富的营养物质，可用作有机肥料和生物农药。

沼气发酵工程及产品利用流程图

（2）利用蔬菜残体秸秆生产有机肥和菌肥

蔬菜残体秸秆等废弃物含有丰富的营养物质，利用现代的发酵技术进行固体发酵，制成高肥效的有机肥或菌肥。

利用蔬菜残体及秸秆生产有机肥和菌肥的工艺流程图

4. 蔬菜常用农药与防控对象

■■ 蔬菜常用农药与防控对象一览表

农药品种（剂型）		防控对象
杀菌剂	噻霉酮（3% 可湿性粉剂；1.5% 水乳剂；1.6% 涂抹剂）	细菌性角斑病、叶斑病、叶枯病
	嘧霉胺（40% 悬浮剂；40% 可湿性粉剂）	灰霉病
	霜霉威盐酸盐（30%、35% 水剂）	霜霉病、疫霉病
	腐霉利（50% 可湿性粉剂；20% 悬浮剂）	灰霉病、菌核病、白绢病
	苯醚甲环唑（10% 水分散粒剂；250 克 / 升乳油）	锈病、黑斑病、叶枯病、早疫病、叶斑病、白粉病、炭疽病、紫斑病
	百菌清（75% 水分散剂；75% 可湿性粉剂）	霜霉病、叶斑病、早疫病
	丙森锌（70% 水分散粒剂；70% 可湿性粉剂）	霜霉病、晚疫病、早疫病
	咪鲜胺（25% 乳油；45% 水乳剂）	炭疽病、叶斑病、枯萎病
	咪鲜胺锰盐（50%、60% 可湿性粉剂）	炭疽病、叶斑病、枯萎病
	代森锰锌（70%、80% 可湿性粉剂）	炭疽病、叶斑病、疫霉病、霜霉病
	多菌灵（50% 可湿性粉剂）	枯萎病、菌核病、根腐病
	噁霉灵（70% 可湿性粉剂；30% 水剂）	枯萎病、菌核病、立枯病
	甲基硫菌灵（70% 可湿性粉剂）	枯萎病、菌核病、根腐病、立枯病
	啶酰菌胺（50% 水分散剂）	灰霉病、早疫病、菌核病
	吡唑醚菌酯（250 克 / 升乳油）	炭疽病、霜霉病、白粉病
	双炔酰菌胺（23.4% 悬浮剂）	霜霉病、疫霉病

续表

农药品种（剂型）		防控对象
杀菌剂	烯肟菌酯（25% 乳油）	霜霉病、疫霉病
	嘧菌酯（50% 水分散剂、250 克 / 升悬浮剂）	锈病、霜霉病、早疫病、叶斑病、白粉病、炭疽病、晚疫病、蔓枯病
	丁吡吗啉（20% 悬浮剂）	疫病、霜霉病、腐霉病
	烯酰吗啉（50% 可湿性粉剂；50% 水分散剂）	疫病、霜霉病、腐霉病
	氟菌唑（30%、35% 可湿性粉剂）	锈病、白粉病
	菌核净（20%、40% 可湿性粉剂；25% 悬浮剂）	灰霉病、菌核病
	乙嘧酚（25% 悬浮剂）	白粉病
	唑胺菌酯（20% 悬浮剂）	白粉病
	二氯异氰脲酸钠（20%、40% 可溶性粉剂；66% 烟剂）	霜霉病、早疫病、灰霉病、根腐病
	小檗碱（0.5% 水剂）	灰霉病、疫霉病、霜霉病、白粉病
	农用硫酸链霉素（72% 可溶性粉剂）	软腐病、青枯病、细菌性病害
	中生菌素（3% 可湿性粉剂）	细菌性角斑病、青枯病
	噻森铜（20% 悬浮剂）	细菌性软腐病、青枯病
	木霉菌（2 亿活孢子 / 克可湿性粉剂）	灰霉病、疫霉病
	枯草芽孢杆菌（1000 亿孢子 / 克、10 亿活芽孢 / 克可湿性粉剂）	灰霉病、白粉病、晚疫病
	寡雄腐霉菌（100 万孢子 / 克可湿性粉剂）	晚疫病、根腐病
	大黄素甲醚（0.5%、1% 水剂）	白粉病
	长川霉素（1% 乳油）	灰霉病

续表

农药品种（剂型）		防控对象
病毒抑制剂	宁南霉素（8% 水剂）	病毒病
	几丁聚糖（0.5%、2% 水剂）	病毒病、霜霉病、白粉病
	氨基寡糖（0.5%、2%、3% 水剂；0.5% 可湿性粉剂）	病毒病、晚疫病、枯萎病
	香菇多糖（0.5%、1% 水剂）	病毒病
	菇类蛋白多糖（0.5%、1%、2% 水剂）	病毒病
	辛菌胺醋酸盐（1.2%、1.8% 水剂）	病毒病
	盐酸吗啉胍（20% 可湿性粉剂）	病毒病
	嘧肽霉素（2%、4% 水剂）	病毒病
	毒氟磷（30% 可湿性粉剂）	病毒病
杀线虫剂	氟吡菌酰胺（41.7% 悬浮剂）	线虫病、白粉病
	噻唑膦（10% 颗粒剂；10% 乳油；20% 水乳剂）	线虫病、地下害虫、螨类
	氟烯线砜（40%、48% 乳油）	线虫病
	氰氨化钙（50% 颗粒剂）	根结线虫、根肿病、害螺、蝼蛄等
	棉隆（98% 微粒剂 / 熏蒸剂）	线虫、病原菌、杂草、地下害虫
	淡紫拟青霉（5 亿、3 亿、2 亿活孢子 / 克粉剂）	根结线虫
	坚强芽孢杆菌（100 亿活菌 / 克可湿性粉剂）	线虫病
杀虫杀螨杀螺剂	阿维菌素（1.8% 乳油；3% 可湿性粉剂；10% 水分散剂）	蚜虫、潜蝇、螨类、线虫
	唑虫酰胺（15% 乳油）	蓟马、菜青虫、潜叶蝇、蚜虫、螨类
	吡虫啉（10% 乳油；25% 粉剂）	蚜虫、粉虱、蓟马

续表

农药品种（剂型）		防控对象
杀虫杀螨杀螺剂	啶虫脒（5% 可湿性粉剂）	蚜虫、粉虱、蓟马
	三氟甲吡醚（10.5% 乳油）	小菜蛾
	氯噻啉（10% 可湿性粉剂）	白粉虱、蚜虫
	螺虫乙酯（22.4% 悬浮剂）	烟粉虱
	氰氟虫腙（22% 悬浮剂）	小菜蛾、甜菜夜蛾
	噻虫嗪（25% 乳油）	蚜虫、粉虱、蓟马、介壳虫、跳甲
	高效氯氰菊酯（5% 可湿性粉剂；5% 微乳剂；25 克 / 升乳油）	菜青虫、小菜蛾、烟青虫、蚜虫、螨类
	高效氯氟氰菊酯（10% 可湿性粉剂；2.5% 微乳剂；25 克 / 升乳油；2.5% 水分散剂）	菜青虫、小菜蛾、烟青虫、蚜虫、红蜘蛛、螨类
	溴氰菊酯（25 克 / 升乳油；2.5% 可湿性粉剂）	菜青虫、烟青虫、蚜虫
	联苯菊酯（25 克 / 升乳油；7.2% 悬浮剂）	白粉虱、红蜘蛛
	虫螨腈（5% 微乳剂；50% 水分散剂）	菜青虫、小菜蛾、蚜虫、甜菜夜蛾、斜纹夜蛾、红蜘蛛、蓟马
	噻嗪酮（25% 可湿性粉剂；20% 乳油）	粉虱、飞虱、叶蝉、蚧类、螨类
	丁醚脲（25% 乳油；50% 可湿性粉剂）	菜青虫、小菜蛾
	虱螨脲（5% 乳油；10% 悬浮剂）	豆荚螟、棉铃虫、甜菜夜蛾、螨类
	除虫脲（5% 乳油；25% 可湿性粉剂；40% 悬浮剂）	菜青虫、小菜蛾
	灭幼脲（25% 可湿性粉剂；20% 悬浮剂）	菜青虫、小菜蛾

续表

农药品种（剂型）		防控对象
杀虫杀螨杀螺剂	灭蝇胺（70% 可湿性粉剂）	美洲斑潜蝇
	呋喃虫酰肼（10% 悬浮剂）	甜菜夜蛾
	短稳杆菌（100 亿孢子 / 毫升悬浮剂）	菜青虫、小菜蛾、斜纹夜蛾
	苏云金杆菌（10 亿活芽孢 / 克可湿性粉剂）	菜青虫、小菜蛾
	多杀霉素（10%、20% 水分散剂；8% 水乳剂）	小菜蛾、蓟马
	苦皮藤素（0.2% 悬浮剂；1% 乳油）	菜青虫
	苦参碱（0.3% 水剂；3% 水乳剂）	菜青虫、蚜虫
	藜芦碱（0.5% 可溶液剂）	红蜘蛛、茶黄螨
	印楝素（0.3%、0.5%、0.6% 乳油）	菜青虫、小菜蛾
	蛇床子素（0.4% 乳油；1% 水乳剂）	菜青虫、蚜虫
	四聚乙醛（6% 颗粒剂）	蜗牛、蛞蝓

CHAPTER Two

二、肿结瘿瘤病

（一）根茎癌肿病

这是一类由鞭毛菌真菌引起的病害，病原菌侵染蔬菜的根、块根、块茎，造成根颈部肿大，引起癌肿、结瘿或肿瘤。病害以病状命名。

病例

1. 十字花科蔬菜根肿病

大白菜、小白菜、包菜、花椰菜、芥菜、萝卜等十字花科蔬菜的根系受害后，其主根或侧根形成指状、短棒状或球形的肿瘤。植株生长逐渐迟缓、矮化，后期生长衰退，叶片萎蔫乃至枯死。

病原：芸薹根肿菌（*Plasmodiophora brassicae*），该菌寄生于十字花科蔬菜根部的薄壁细胞内，形成多核的变形体或鱼卵块状排列的休眠孢子囊。

（1）花椰菜根肿病

主根生长受抑制，侧根肿大形成萝卜状、梭形、棒状或球状块根，植株矮小，出现“早花”现象，花球小，严重时不形成花球。

（2）白菜根肿病

白菜整个生育期都可受害，受害植株生长矮小，主根形成较大的肿块，侧根杂乱，形成圆筒形或指形肿块。

（3）芥菜根肿病

受害植株生长矮小，主根和侧根肿大，呈指状、萝卜状，肿大的根块表皮开裂，后期腐烂。

（4）青梗白菜根肿病

受害植株生长矮小，根系整体根肿大，呈球状。

花椰菜根肿病和根肿形态

白菜根肿病

芥菜根肿病全株形态

芥菜根肿病根肿形状

青梗白菜根肿病

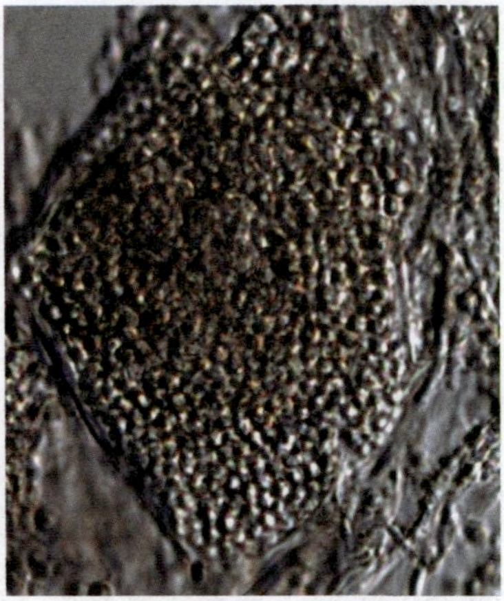

十字花科根肿菌的休眠孢子囊

2. 番茄瘿瘤病

番茄苗期至开花期发病，植株根颈部和上层根系受侵染。根颈部新根的生长点或幼根的侧根肿大形成圆形或椭圆形瘿瘤。瘿瘤形态和大小有差异，新生瘿瘤白色至乳白色，逐渐转为褐色、暗褐色，后期腐烂崩溃。病株地上部生长缓慢，叶片小，后期易萎蔫。

番茄瘿瘤病植株

番茄根颈部产生瘿瘤

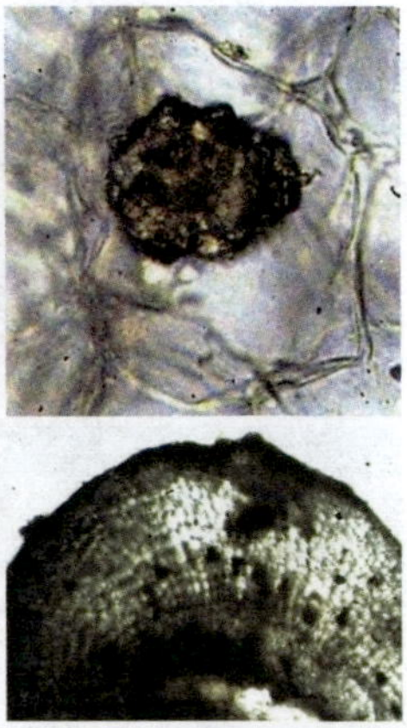

番茄粉痂菌休眠孢子囊堆（上）及其在瘿瘤组织细胞中的分布（下）

病原：马铃薯粉痂菌（*Spongospora subterranea*）。病菌在寄主根组织细胞内产生球形休眠孢子囊，休眠孢子囊聚集成团，形成海绵状的球形或不规则形的休眠孢子囊堆。

3. 马铃薯粉痂病

马铃薯粉痂病为害马铃薯块茎和根部。块茎染病初期表皮上出现针头大的褐色小斑，随后小斑逐渐隆起膨大，形成直径 3~5 毫米不等的疱斑。疱斑表皮破裂、反卷，下陷呈火山口状；皮下组织散出深褐色粉状物（孢子囊堆）。块茎上瘿瘤仅产生于皮层，未深入块茎肉质组织。病株根系和匍匐茎产生球形或近球形白色小瘿瘤，瘿瘤成熟后呈棕褐色。

病原：马铃薯粉痂菌（*Spongospora subterranea*）。

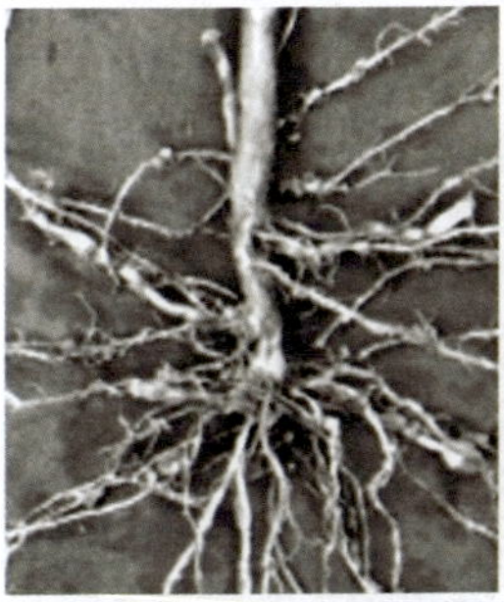

马铃薯粉痂病病根症状

马铃薯粉痂病病块茎症状

马铃薯粉痂病病斑表面观（左）和切面观（右）

4. 甘蓝根茎瘤肿病

根颈部及其邻近的根部形成大小不一的肿瘤，肿瘤可聚集形成大的肿瘤块。肿瘤围绕根颈部扩展，肿瘤表面粗糙呈花椰菜状，肿瘤上部茎及叶柄开裂；根部肿瘤绕根扩展聚集形成棒状肿块。发病菜株后期萎蔫。

病原：芸薹油壶菌（*Olpidium brassicae*）是高等植物根部的专性寄生菌，引起十字花科蔬菜癌肿病和幼苗猝倒病，是许多重要经济植物病毒媒介。

甘蓝癌肿病：全株状态

甘蓝癌肿病：根颈部癌肿

甘蓝癌肿病：根部和根颈部癌肿

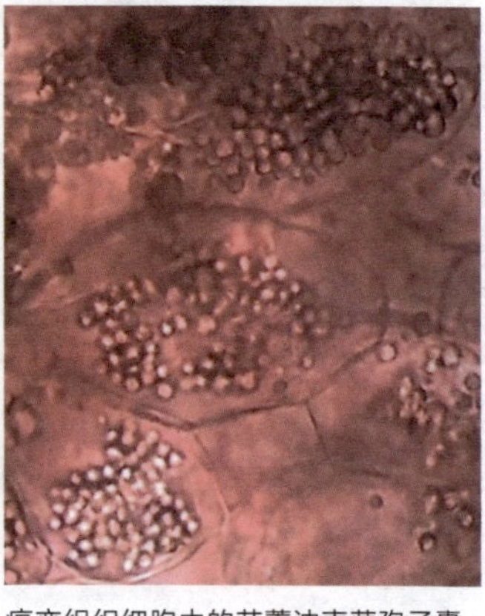

癌变组织细胞中的芸薹油壶菌孢子囊

5. 马铃薯癌肿病

病菌侵染导致马铃薯块茎表皮细胞增大和细胞增生，形成大小不一的肿瘤，众多肿瘤聚集形成癌肿组织团。癌瘤组织初期为白色，后期变为黑褐色，肿瘤也可产生于植株地上部的根颈组织，围绕根茎产生癌肿组织团。

病原：内生集壶菌（*Synchytrium endobioticum*）。

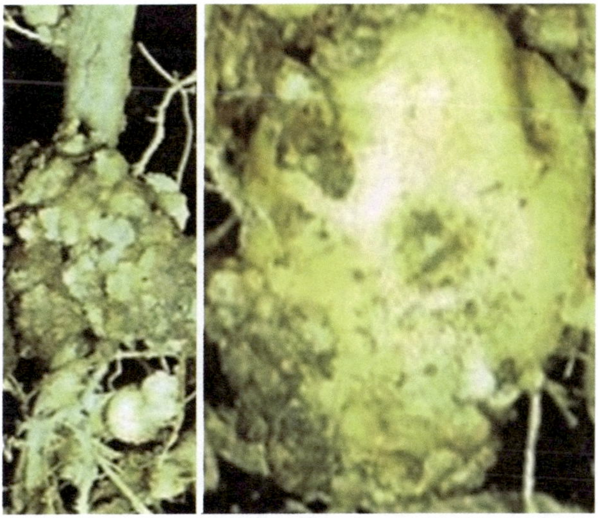

马铃薯癌肿病：根颈发病（左）和薯块发病（右）

发病规律

以上几类病害的病原物都是植物的专性寄生物，寄生专化性强、寄主范围较窄。病原菌在土壤中的病根残体内，可存活 4~7 年之久，发生过病害的土壤重新种植相同的作物极易发生重植病。病害在田间近距离传播靠雨水、灌溉水及农事操作等传播，带病菜苗和种薯也可传播。诱发此类病害的最重要因素为土壤酸碱度和温湿度，低洼土壤湿度大、偏酸性及氧化钙不足的地块发病重。当土壤酸碱度为 pH 5.4~6.5、土壤温度为 18~25℃、土壤含水量 80%~90% 时适宜病菌侵染和发病严重。

防控要点

合理轮作：重病田实行与非寄主作物 4~5 年以上轮作，例如葫芦科蔬菜与茄科或十字花科蔬菜轮作，可预防十字花科蔬菜根肿病。

土壤改良：病田施用石灰、壳灰、牡蛎壳粉土壤调理剂、贝壳粉土壤调理剂、虾蟹壳土壤调理剂，降低土壤酸度，增强土壤营养，优化土壤微生态。施用氰氨化钙、钙镁磷肥、碳酸氢铵、硝酸钾等碱性肥料，可提高土壤酸碱度，抑制病害发生。

化学防控：①病田定植前10~15天用氰氨化钙（石灰氮）50%颗粒剂48~64千克/亩（1亩=0.0667公顷，全书同）沟施，石灰氮是碱性肥料，能降低土壤酸度又具有消毒防病作用，能抑制根结线虫、根肿病等土传病害；②定植后用二氯异氰脲酸钠20%可湿性粉剂300倍液灌根，10~15天一次，连续2~3次。

（二）根结线虫病

根结线虫（*Meloidogyne* spp.）是蔬菜上最重要的植物寄生线虫。根结线虫二龄幼虫侵染蔬菜根系，在侧根或须根形成大小不一的根结，有些根结球形、小、串生呈念珠状，有些多数根结相互愈合形成肿块状。洗去根表土壤后在根结表面有黄色或淡褐色胶质状物（卵囊）；病株矮小、叶片黄化、生长不良。

侵染蔬菜的根结线虫种类多，重要的病原线虫种类有以下6种。

南方根结线虫（*Meloidogyne incognita*）

雌虫虫体膨大呈现为囊状、球形或梨形，颈部与虫体几乎在同一纵轴线或有一定角度。排泄孔位于中食道球上方，接近口针处。会阴花纹整体呈卵圆形或近似方形，膜纹紧密粗糙、不连续，少数较为平滑。花纹背弓较高，呈矩形至梯形状，背弓处线纹略粗、平滑圆润并朝体侧面延展，侧线不明显。雄虫虫体长，口针粗壮，交合刺发达，无交合伞。二龄幼虫虫体纤细，直肠膨大，尾部末端钝圆。

花生根结线虫（*Meloidogyne arenaria*）

雌虫虫体膨大成囊状或球形，会阴花纹圆形、卵圆形或近六边形；背弓低，扁平或圆形；线纹粗，平滑到波浪状；背区与腹区的线纹在侧线处相遇成帽状，向侧面延伸成两个翼状纹。雄虫虫体长，口针粗壮，交合刺发达，无交合伞。二龄幼虫蠕虫形，尾细长，尾末端透明区明显，直肠膨大。

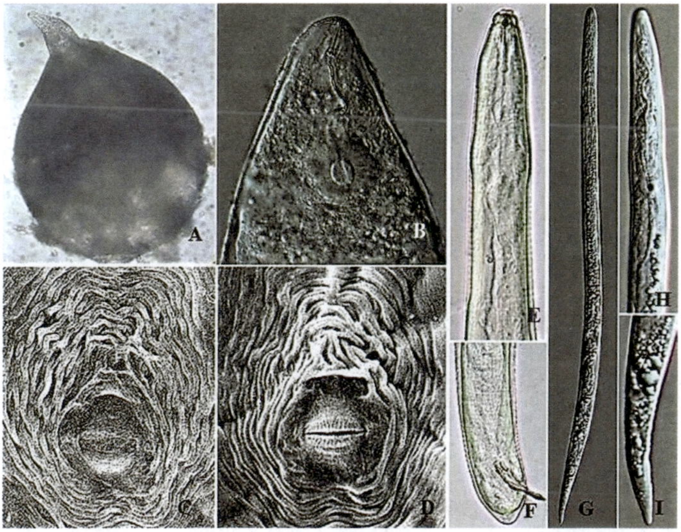

■■ 南方根结线虫

A. 雌虫整体；B. 雌虫头部；C、D. 会阴花纹；E. 雄虫体前部；F. 雄虫尾部；G. 幼虫整体；H. 幼虫体前部；I. 幼虫尾部

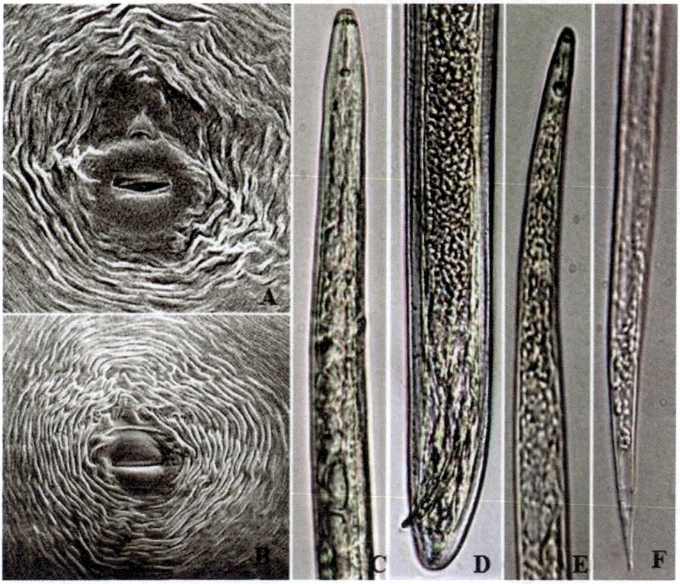

■■ 花生根结线虫

A、B. 会阴花纹；C. 雄虫体前部；D. 雄虫尾部；E. 幼虫体前部；F. 幼虫尾部

爪哇根结线虫（*Meloidogyne javanica*）

雌虫虫体膨大呈球形、梨形，颈部与体纵轴几乎在同一直线。会阴花纹圆形、卵圆形，线纹平滑连续、紧密。背弓中等高，线纹圆滑，呈半圆形至梯形，双侧线将会阴花纹分成腹、背两部分，无线纹或有少量线纹通过侧线。雄虫蠕虫形，口针粗大，交合刺发达，无交合伞。二龄幼虫蠕虫形，直肠膨大，尾长圆锥形，近尾端有1~2次缢缩。

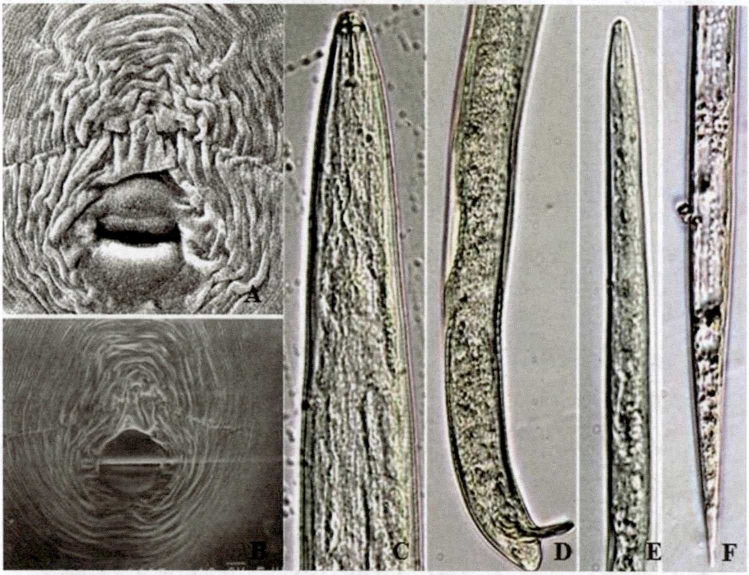

爪哇根结线虫雄虫

A、B. 会阴花纹；C. 体前部；D. 幼虫尾部；E. 体前部；F. 尾部

北方根结线虫（*Meloidogyne hapla*）

雌虫虫体膨大成囊状或球形。会阴花纹近圆形或卵圆形，有些线纹向侧面延长形成一个翼或两个翼，背弓低、圆，侧线不明显，肛门上方尾端区有由角质膜增厚形成的刻点。雄虫蠕虫形，交合刺发达，无交合伞。二龄幼虫虫体纤细，尾端透明区明显，尾长锥状。

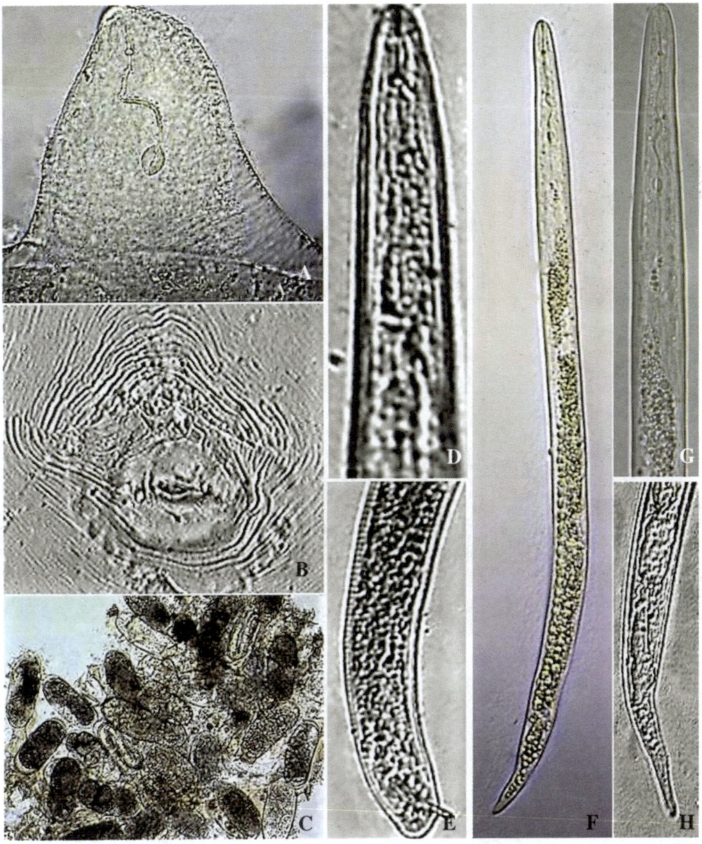

■■ 北方根结线虫

A. 雌虫头部；B. 会阴花纹；C. 卵和卵囊；D. 雄虫前部；E. 雄虫后部；F. 幼虫整体；G. 幼虫前部；H. 幼虫后部

象耳豆根结线虫（*Meloidogyne enterolobii*）

雌虫虫体颜色乳白，球形至梨形。会阴花纹呈卵形或近似圆形，线纹紧密粗糙、连续或间断，平滑或呈不同程度的波浪状，背弓高，近半圆形或方形。阴门和肛门之间有少量纹路通过。侧尾腺孔大、明显，其之间距离与阴门裂长度相当。雄虫蠕虫形，虫体长；交合刺发达，无交合伞。二龄幼虫虫体纤细，蠕虫形。

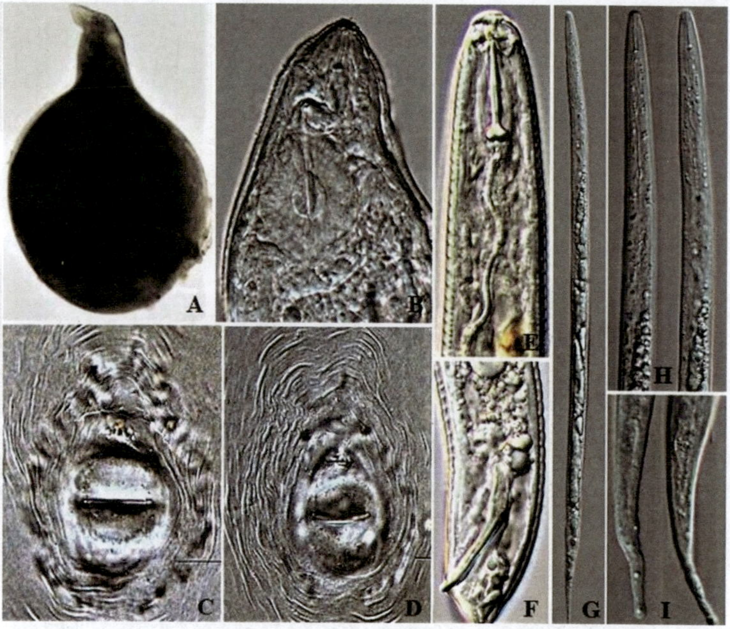

■■ 象耳豆根结线虫

A. 雌虫整体；B. 雌虫头部；C、D. 会阴花纹；E. 雄虫前部；F. 雄虫后部；G. 二龄幼虫整体；H. 幼虫前部；I. 幼虫后部

拟禾本科根结线虫（*Meloidogyne graminicola*）

雌虫球形、长梨形；颈细长，与体部分界明显；会阴部明显突起。会阴花纹通常为近圆形、卵圆形；背弓中等或低，圆形；线纹细弱，通常平滑连续；侧区不明显；在背弓及尾端和阴门的两侧通常有成对短线纹构成不规则的条沟。雄虫蠕虫形，口针短粗，交合刺发达，无交合伞。二龄幼虫蠕虫形，口针纤细，直肠膨大不明显。尾很长，末端呈细棍棒状或水滴状。

为害蔬菜的其他几种根结线虫

吉库尤根结线虫（*M. kikuyensis*）、甘蓝根结线虫（*M. artiellia*）、光纹根结线虫（*M. decalineata*）、繭草根结线虫（*M. ottersoni*）、卵形根结线虫（*M. ovalis*）、杉并根结线虫（*M. suginamiensis*）。

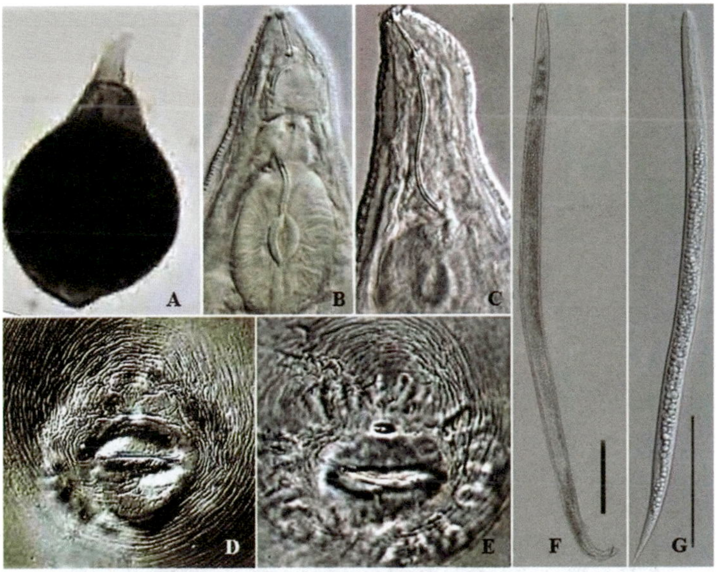

拟禾本科根结线虫

A. 雌虫整体；B、C. 雌虫头部；D、E. 会阴花纹；F. 雄虫；G. 二龄幼虫

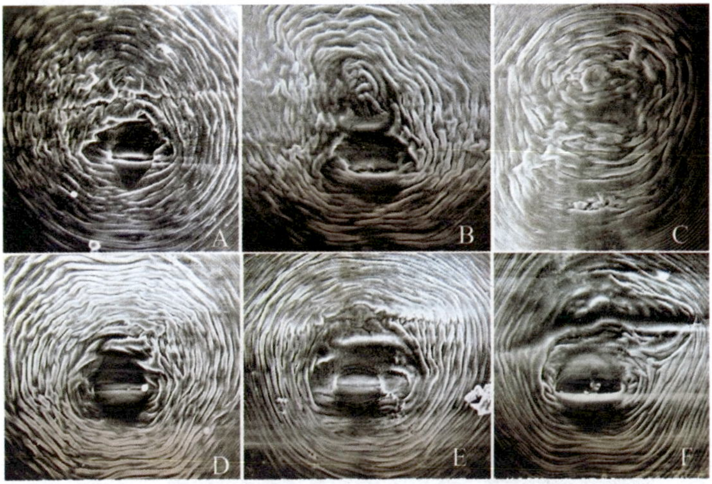

为害蔬菜的其他根结线虫会阴花纹

A. 吉库尤根结线虫 (*M. kikuyensis*)；B. 甘蓝根结线虫（*M. artiellia*）；C. 光纹根结线虫（*M. decalineata*）；D. 藨草根结线虫（*M. ottersoni*）；E. 卵形根结线虫（*M. ovalis*）；F. 杉井根结线虫（*M. suginamiensis*）

病例

1. 块茎类蔬菜根结线虫病

（1）胡萝卜根结线虫病

病株地上部生长不良、矮小、黄化、萎蔫。受害幼嫩块根表面形成隆起的半球形根结，根结可单个或数个成丛发生。早期侵染时刺激幼嫩块根产生大量不定根，不定根受多次再侵染并形成串生的球形或椭圆形根结串。块根膨大期根尖生长点受侵染根停止伸长，而发生侧生块根和形成分叉状畸形块根。块根后期表皮受侵染时产生小瘤状突起，根尖部形成串生根结。

病原：象耳豆根结线虫（*Meloidogyne enterolobii*）、南方根结线虫（*M. incognita*）、花生根结线虫（*M. arenaria*）。

胡萝卜根结线虫病早期根部症状

胡萝卜根结线虫病中后期根部症状

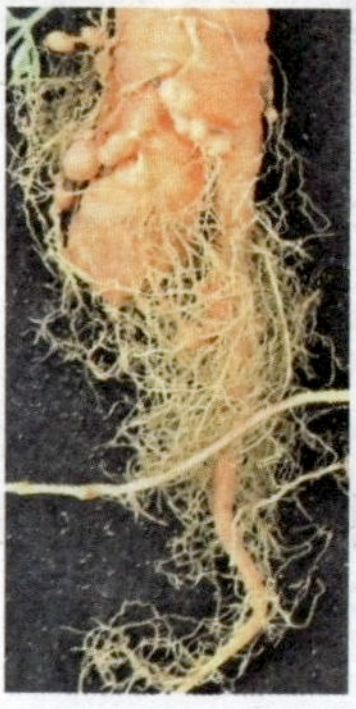

侧生块根形成串生根结和丛生不定根

块根畸形，形成侧生根结块

（2）萝卜根结线虫病

萝卜块根表皮产生小瘤状根结，后期根结破裂形成火山口状；块根根尖受侵染产生小瘤状突起，瘤状根结上可产生不定根，后期瘤状根结破裂腐烂变黑，不定根腐烂。

病原：南方根结线虫（*Meloidogyne incognita*）。

萝卜块根表面和根尖形成根结

萝卜块根根尖根结和不定根腐烂

（3）生姜根结线虫病

生姜根结线虫病俗称生姜癞皮病、姜蚧，自苗期至成株期均能发病。受害姜块产生小瘤状根结，后期根结破裂腐烂形成癞皮状；侧根、须根和根茎产生大小不等的瘤状根结，可形成根结串；根结初为黄白色，逐渐转为褐色，呈疱疹状破裂腐烂。受害严重会导致根部变形、扭曲，块茎小。地上部植株生长缓慢、矮化、叶小、叶色暗绿、分枝少。

病原：象耳豆根结线虫（*Meloidogyne enterolobii*）和南方根结线虫（*M. incognita*）。

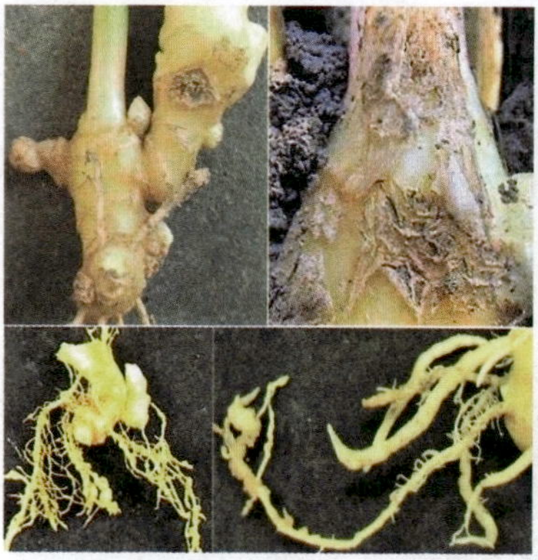

生姜根结线虫病：块茎上的根结（左上），根结破裂形成癞皮（右上），侧根和须根上的根结（下）

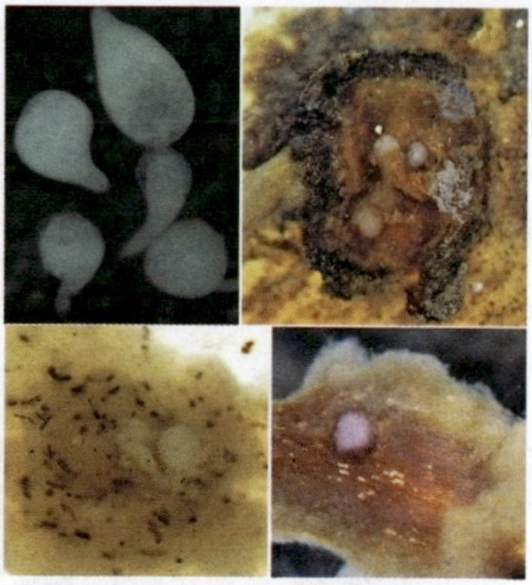

生姜根结线虫病：雌虫形态（左上），根结上的雌虫（右上），根结组织中的雌虫（左下），根结表面的卵囊（右下）

（4）薯蓣根结线虫病

线虫侵染营养根和块根，在块根表面密集形成大小不等的瘤突根结；根结后期表面开裂，形成褐色痂斑。受害块根生长受阻，薯块小、表皮粗糙、分叉、畸形；块根上根结连片形成，后期变褐腐烂，腐烂组织向薯肉组织扩展。块根和根系受害严重时，地上部植株矮化、生长迟缓、叶片褪绿、落叶和早衰。

薯蓣根结线虫病：块茎表皮有突起根结（左），根结腐烂形成褐斑（右上），根结线虫雌虫、卵囊及根结组织内的雌虫（右下）

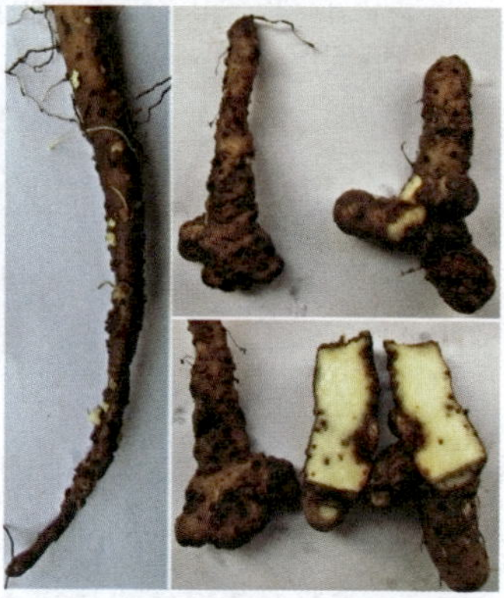

薯蓣根结线虫病：密集形成小瘤状根结（左），块根畸形（右上），组织腐烂（右下）

病原：南方根结线虫（*Meloidogyne incognita*）、花生根结线虫（*M. arenaria*）。

2. 瓜类蔬菜根结线虫病

（1）黄瓜根结线虫病

苗期和成株期均可发病。苗期受害后植株矮小、叶片黄化，藤蔓短小、老化。生长期受侵染植株黄化，矮小，结果少、果实畸形，产果期短、早枯。根结可发生于主根、侧根或须根上，单个根结呈球形或长椭圆形、根结表面产生短小的不定根；根结形成念珠状的根结串，几个根结或数十个根结相互愈合，形成瘤状根结块。

病原：南方根结线虫（*Meloidogyne incognita*）、花生根结线虫（*M. arenaria*）。

黄瓜根结线虫病：植株矮小、黄化

黄瓜根结线虫病：藤蔓短、老化

黄瓜根结线虫病：根结串生

黄瓜根结线虫病：根结团块

（2）西葫芦根结线虫病

主根系和不定根均可受根结线虫侵染而形成根结。根结单生或串生，单个根结呈球形或长椭圆形、根结表面产生短小的不定根；数个根结串生呈念珠状。地上部植株黄化、矮小、结果少、果实小，病株产果期短、提早枯死。

病原：南方根结线虫（*Meloidogyne incognita*）。

西葫芦根结线虫病：主根根结

西葫芦根结线虫病：茎部不定根根结

（3）苦瓜根结线虫病

发病植株叶片黄化，藤蔓失水萎缩，结果少，提早枯死。根结可发生于主根、侧根或须根上，单个根结呈球形或长椭圆形，根结表面产生短小的不定根；根结可成串产生形成念珠状，或数个根结或数十个根结相互愈合，形成瘤状根结块。发病严重时上层根系全部形成根结并且暴露于地面。解剖根结可见很小的乳白色雌虫埋于其内。

病原：南方根结线虫（*Meloidogyne incognita*）。

（4）丝瓜根结线虫病

发病植株叶片黄化，藤蔓失水萎缩，植株萎蔫枯死。线虫侵染主根、侧根或须根，根结多个群生形成根结块。发病严重时整条根布满根结呈块根状。解剖根结可见很小的乳白色雌虫埋于其内。

苦瓜根结线虫病：根结露出土表

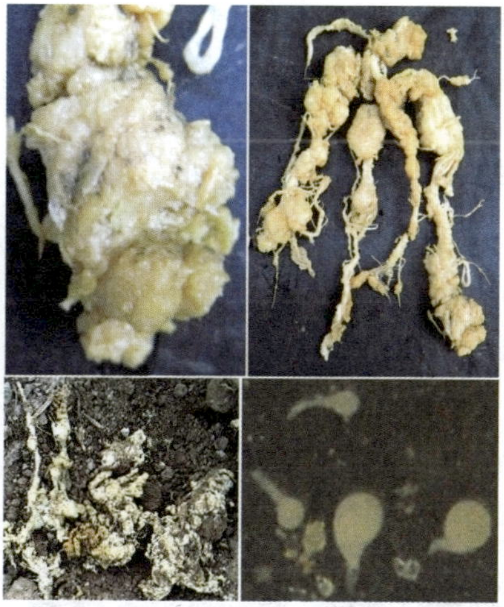

苦瓜根结线虫病：根结块（左上），根结聚生或串生（右上），根结腐烂（左下），根结组织中的雌虫（右下）

病原：南方根结线虫（*Meloidogyne incognita*）。

（5）南瓜根结线虫病

线虫侵染主根、侧根或须根，根结多个群生形成根结块。发病严重时整条根布满根结。发病植株叶片黄化，藤蔓失水萎缩，植株萎蔫枯死。

病原：南方根结线虫（*Meloidogyne incognita*）。

丝瓜根结线虫病根部症状

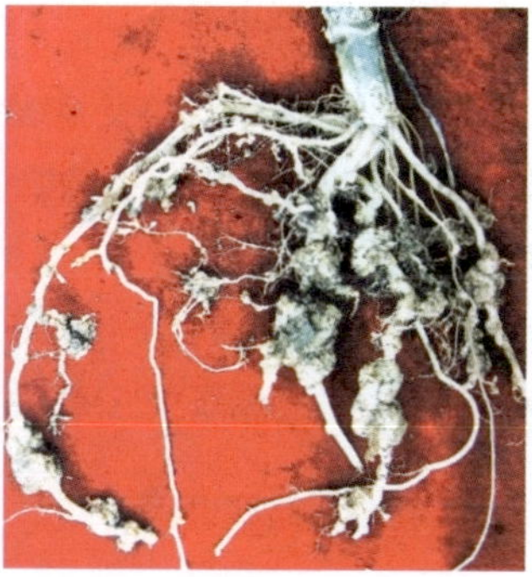

南瓜根结线虫病根部症状

3. 茄果类蔬菜根结线虫病

（1）番茄根结线虫病

须根、侧根和根尖部都能形成根结。有些根结较小并在根上能连续产生形成根结串；也有些根结相互愈合，形成瘤状根结块；南方根结线虫引起的根结多数呈近球形，拟禾本科根结线虫引起的根结呈长条形或萝卜状。地上部植株生长衰退，矮小、黄化，严重为害时植株提早枯死。

病原：南方根结线虫（*Meloidogyne incognita*）、花生根结线虫（*M. arenaria*）、拟禾本科根结线虫（*M. graminicola*）。

番茄根结线虫病病株

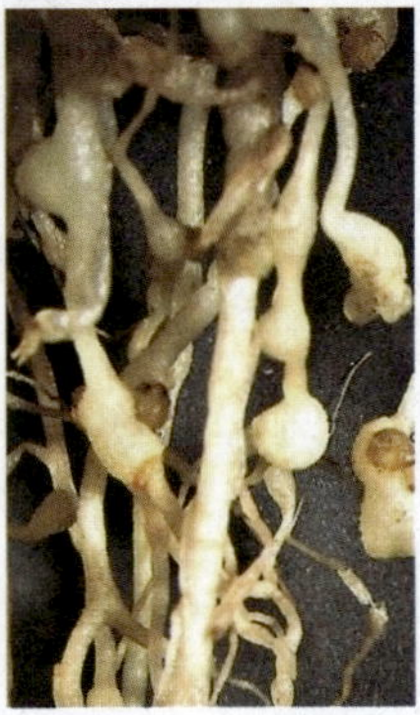

番茄根结表面的黄色卵囊

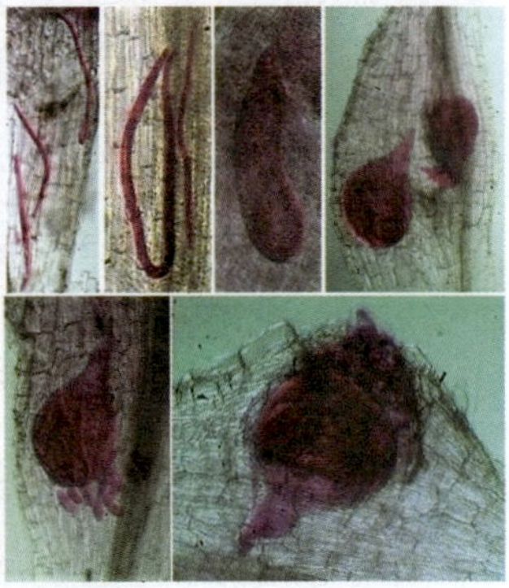

番茄根结组织内不同龄期的根结线虫虫态

（2）茄根结线虫病

茄子苗期和成株期都会受根结线虫侵害。侧根和须根上形成许多根结，互相连接似念珠状或形成根结块。病株生长衰弱、矮小、黄化，天气干燥易萎蔫或枯萎。

病原：南方根结线虫（*Meloidogyne incognita*）、爪哇根结线虫（*M. javanica*）、花生根结线虫（*M. arenaria*）。

（3）辣椒根结线虫病

苗期和成株期均可受害，侧根和须根上形成许多根结，根结能连续产

■■ 茄根结线虫病

A. 苗期；B. 成株期；C. 苗期根结；D. 成株期根结

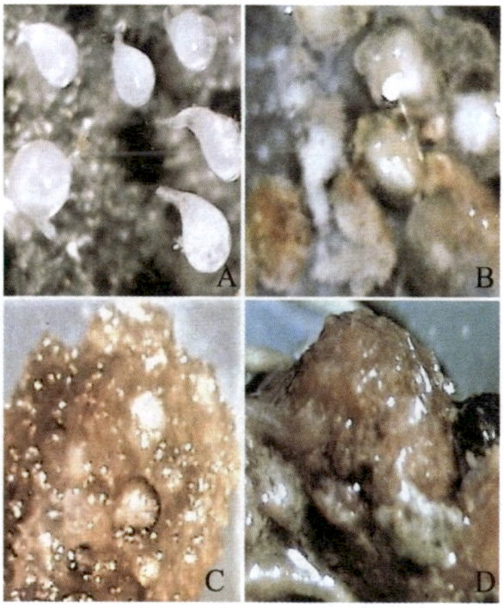

■■ 茄根结线虫病

A. 根结内的雌虫；B. 雌虫和卵囊；C. 根结剖面；D. 根结表面

生或在根前端形成大根结；病株生长衰弱、矮小、黄化、落叶，天气干燥易萎蔫或枯萎。

病原：南方根结线虫（*Meloidogyne incognita*）、象耳豆根结线虫（*M. enterolobii*）、花生根结线虫（*M.arenaria*）。

辣椒根结线虫病：植株衰退、萎蔫、落叶

辣椒根结线虫病病株

辣椒根结线虫病根部侧根根结无新根

辣椒根结线虫病根部形成根结团块

（4）黄秋葵根结线虫病

病株生长衰弱、黄化、矮小、产量低。发病植株在侧根和须根上形成许多根结，多条线虫在一处侵染时会产生大根结，根结能连续产生并相互连接形成大根结块。

病原：南方根结线虫（*Meloidogyne incognita*）、象耳豆根结线虫（*M. enterolobii*）。

黄秋葵根结线虫病植株

黄秋葵根结线虫病病根

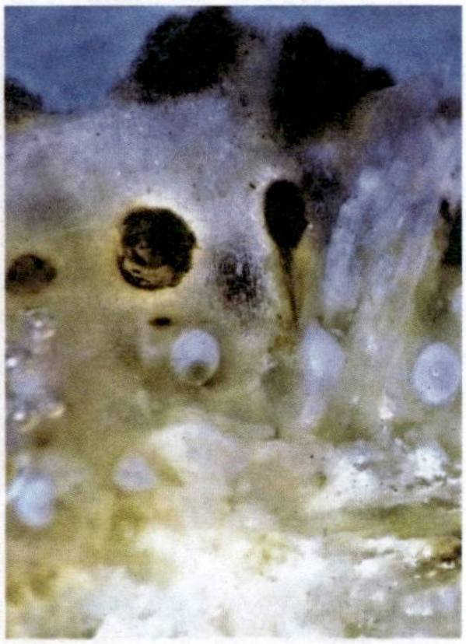

黄秋葵根结组织内的根结线虫雌虫

4. 豆科蔬菜根结线虫病

（1）豇豆根结线虫病

须根或侧根上产生大量近圆形和椭圆形根结，根结连续产生形成根结串，受害植株矮小，生长衰退。

病原：南方根结线虫（*Meloidogyne incognita*）、爪哇根结线虫（*M. javanica*）。

豇豆苗期根结线虫病症状

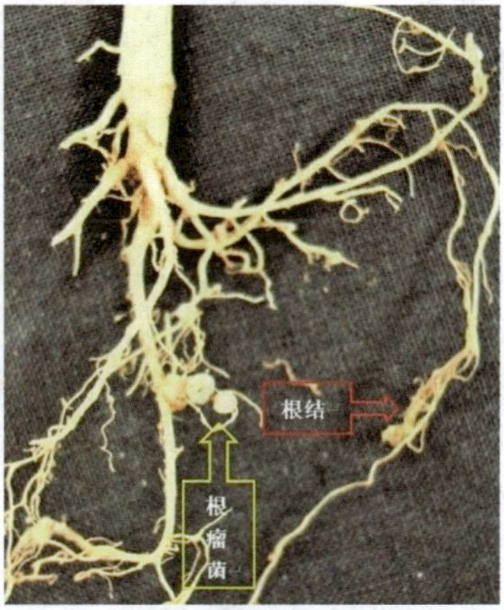

豇豆根结线虫病病根

（2）藤本豆根结线虫病

主根和须根上产生根结，单个根结近圆形和椭圆形，根结聚集产生时形成大型根结团块。受害植株矮小，生长衰退。

病原：南方根结线虫（*Meloidogyne incognita*）、爪哇根结线虫（*M. javanica*）。

（3）花生根结线虫病

根结线虫侵染花生的根、果针、胚栓及荚果，受害花生植株矮小，茎、叶发黄，整株萎蔫直至枯死。地下部表现为侧根短而丛生，侧根、须根和根的幼嫩部产生根结；根结初期为乳白色，后渐变成黄褐色并出现卵囊，最后大部分病根腐烂、坏死。根系受损后荚果数量和根瘤菌形成少。荚果表面产生瘤状突，瘤突后期变黑腐烂。果针受害后不形成果实，或荚果小、畸形，果柄上也产生根结。

病原：北方根结线虫（*Meloidogyne hapla*）、花生根结线虫（*M. arenaria*）。

藤本豆根结线虫病全株症状

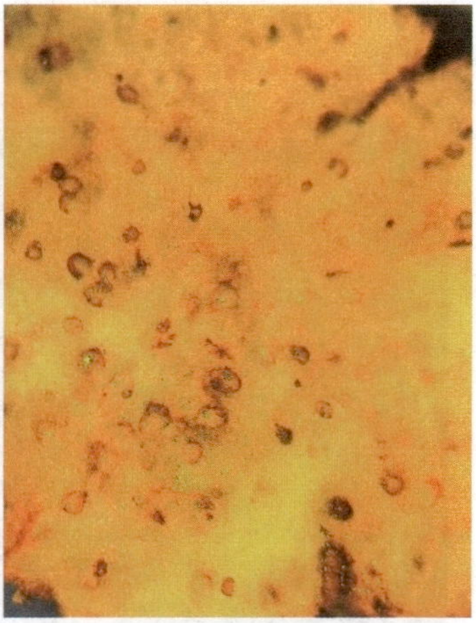

藤本豆根结线虫病根结组织内的线虫

花生根结线虫病病根

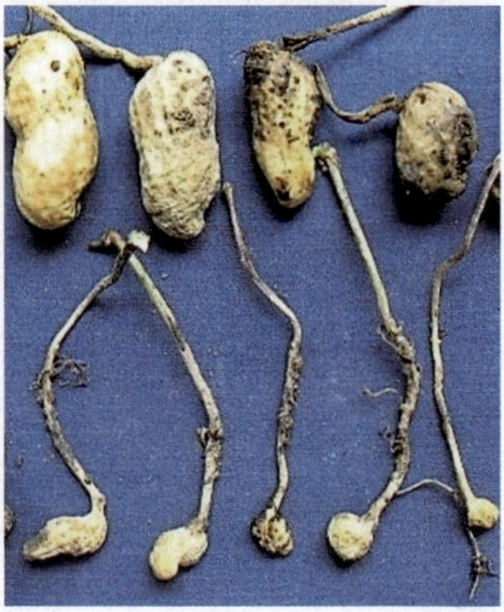

花生果荚、果柄产生根结和畸形小果

（4）大豆根结线虫病

发生大豆根结线虫病的大豆田，田间黄绿不匀，长势参差不齐。病株地上部表现生长矮小、分枝稀少、茎秆细弱、叶色枯黄、易脱落，结荚少而不饱满。地下部根系萎缩变形，支根少，形成大小不等的根结。病根固氮根瘤数减少，根瘤小，重病株不形成固氮根瘤。

病原：南方根结线虫（*Meloidogyne incognita*）、花生根结线虫（*M. arenaria*）、爪哇根结线虫（*M. javanica*）。

大豆根结线虫病：健株（左），轻病株（中），重病株（右）

大豆根结线虫病：根部症状

■■ 豆科蔬菜根结线虫病与固氮根瘤的区别

类别	根结线虫病	固氮根瘤
诊断要点	根结由根中柱肿大、根表皮形成巨细胞和膨大的雌虫组成；根结形状不规则、表面有次生侧根、常附有胶质卵囊，卵囊表面粘有细沙土。剖开根结有白色球形雌虫	主要从根毛和部分侧根侵入，根皮层细胞增生形成根瘤。根瘤主要生于侧根，球形表面光滑，挤压根瘤有紫色汁液

5. 十字花科蔬菜根结线虫病

（1）乌塌菜根结线虫病

主根、须根或侧根均可受侵染而形成根结。根结近球形、串生呈珍珠状，有些根结呈长棒状、弯曲。病株生长矮小，叶片枯黄，生长停滞，病重菜株枯死。

病原：南方根结线虫（*Meloidogyne incognita*），花生根结线虫（*M. arenaria*）。

乌塌菜根结线虫病田间症状

乌塌菜根结线虫病植株

（2）白菜根结线虫病

侵染主根根尖形成根结后，主根不再伸长并产生较多的侧根和须根，侧根和须根不断形成椭圆形根结和串生根结。病株生长矮小，产量下降。

病原：花生根结线虫（*M. arenaria*）、萨拉斯根结线虫（*M. salas*）。

白菜根结线虫病全株症状

小白菜根结线虫病全株症状

白菜根结线虫病根部症状

（3）甘蓝根结线虫病

主根、侧根和须根都被侵染形成椭圆形根结和串生根结，发生根结的根系衰退和腐烂。病株生长矮小、黄化，包菜后期不能形成球包。

病原：南方根结线虫（*Meloidogyne incognita*）、花生根结线虫（*M. arenaria*）、吉库尤根结线虫（*M. kikuyensis*）。

芥蓝菜根结线虫病病株

甘蓝根结线虫病病株

（4）芥菜根结线虫病

侵染营养根，新生的侧根和须根易受侵染，形成大量根结后不能产生新根，发生根结的根系逐渐腐烂，导致地上部植株生长矮小、黄化。

病原：花生根结线虫（*M. arenaria*）。

芥菜根结线虫病植株症状

芥菜根结线虫病病根症状

■■ 十字花科蔬菜根结线虫病、根肿病、癌肿病辨诊表

病害	症状特征	图示
根结线虫病	根结线虫二龄幼虫侵染根皮层组织，刺激根中柱肿大、根表皮形成巨细胞，侵入的线虫定居取食并发育为膨大的雌虫从而形成根结；根结形状不规则，一般为球形、念珠状或多个根结愈合为粗糙的根结块；根结表面有次生侧根，常附有胶质卵囊，挑除卵囊剖开根结有白色球形雌虫	
根肿病	根肿菌寄生于寄主根的薄壁细胞组织，受害细胞快速膨大而形成根肿。根肿病的肿块表皮光滑，多数呈萝卜状、梭形、棒状、球形或椭圆形。该菌寄生于十字花科蔬菜根部的薄壁细胞内，形成多核的变形体或鱼卵块状排列的休眠孢子囊	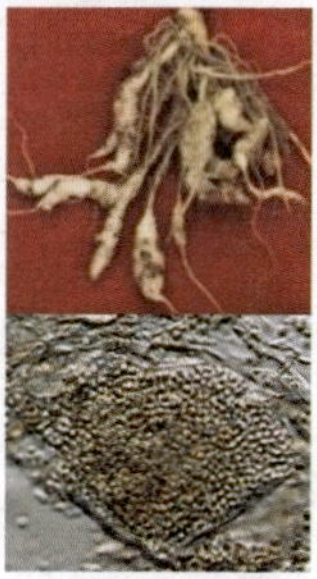
癌肿病	病菌侵染根和根颈部薄壁细胞组织引起细胞膨大形成瘿瘤。根颈部及其邻近的根部能形成大小不一的瘿瘤，瘿瘤可聚集形成大的肿瘤块。肿瘤可围绕根颈部扩展，肿瘤表面粗糙呈花椰菜状，肿瘤上部茎及叶柄开裂；根部肿瘤绕根扩展聚集形成棒状肿块。癌肿块表面粗糙，该菌寄生于蔬菜根和根茎部的薄壁细胞内，形成分散的休眠孢子囊	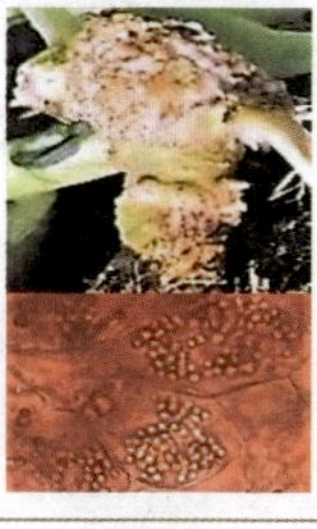

6. 绿叶类蔬菜根结线虫病

（1）蕹菜根结线虫病

侧根和须根上的根结圆形至椭圆形，单生或呈念珠状串生；后期病根变色腐烂。地上部植株矮小、细弱、黄化。

病原：南方根结线虫（*Meloidogyne incognita*）、花生根结线虫（*M. arenaria*）、禾草根结线虫（*M. graminis*）、卵形根结线虫（*M. ovalis*）、杉并根结线虫（*M. suginamiensis*）、吉库尤根结线虫（*M. kikuyensis*）。

蕹菜根结线虫病病株

蕹菜根结线虫病根结形状

（2）菠菜根结线虫病

主要侵染侧根和须根，根结圆形至椭圆形，整条根上布满根结，根结多数呈念珠状串生，根结密集产生时整条根形成肿块状。地上部植株矮小、黄化。

病原：南方根结线虫（*Meloidogyne incognita*）、花生根结线虫（*M. arenaria*）、吉库尤根结线虫（*M. kikuyensis*）。

（3）莴苣根结线虫病

苗期和成株期都会受害。苗期主根受侵害根结连续产生，在根尖形成萝卜状肿大。受害根停止生长，菜苗生长矮小、黄化和枯死。成株期发病在根尖形成椭圆形根结或多个根结连接形成根结块，根系坏死、萎缩，植株矮小、黄化。

病原：南方根结线虫（*Meloidogyne incognita*）、花生根结线虫（*M. arenaria*）、吉库尤根结线虫（*M. kikuyensis*）。

菠菜根结线虫病病株

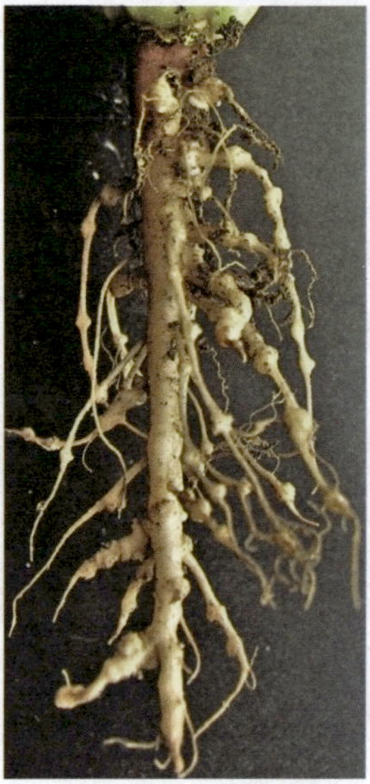

菠菜根结线虫病根结形状

莴苣根结线虫病：病株（左），苗期发病（右上），根结形态（右下）

（4）葵菜根结线虫病

根结较小，多数单生，形成根结的根段变褐腐烂。植株矮小、黄化。

病原：南方根结线虫（*Meloidogyne incognita*）、光纹根结线虫（*M. decalineata*）。

葵菜根结线虫病病株（左）和病根（右）

（5）苋菜根结线虫病

侧根受侵染，根结串生，不产生须根。植株矮小、叶片小、黄化和老化。

病原：南方根结线虫（*Meloidogyne incognita*）、爪哇根结线虫（*M. javanica*）。

（6）木耳菜根结线虫病

根结较大，球状、棒状或弯曲，根肿大，后期根结腐烂。植株矮小、黄化。

病原：南方根结线虫（*Meloidogyne incognita*）、花生根结线虫（*M. arenaria*）。

苋菜根结线虫病病株（左）和病根（右）

木耳菜根结线虫病病株（左）和病根（右）

7. 香辛类蔬菜根结线虫病

（1）芹菜根结线虫病

病株生长矮小，叶片枯黄。根结产生于侧根和须根的前部，多个根结互相愈合后形成长棒状弯曲的肿块，有些根结在根上连续产生，呈念珠状。

病原：南方根结线虫（*Meloidogyne incognita*）、爪哇根结线虫（*M. javanica*）、甘蓝根结线虫（*M. artiellia*）、吉库尤根结线虫（*M. kikuyensis*）。

芹菜根结线虫病健株（左）与病株（右）

芹菜根结线虫病根结形状

（2）葱根结线虫病

根结形成于根尖部，肿大呈棍棒状，根系生长受阻停滞。地上部葱叶从叶尖开始向下逐渐黄化焦枯，植株生长矮小、衰弱。

病原：南方根结线虫（*Meloidogyne incognita*）、花生根结线虫（*M. arenaria*）、藨草根结线虫（*M. ottersoni*）。

葱根结线虫病田间症状

葱根结线虫病病株

（3）韭菜根结线虫病

受侵染的韭菜矮小、叶片黄化。病株根系的根结大多形成于根尖处，呈钩状、靴状，根部扭曲畸形，脆弱，易折断。卵和雌虫完全包埋于根结组织内，剖开根结可见不同龄期的幼虫和卵粒。

病原：拟禾本科根结线虫（*Meloidogyne graminicola*）。

韭菜根结线虫病田间症状

韭菜根结线虫病根结形状

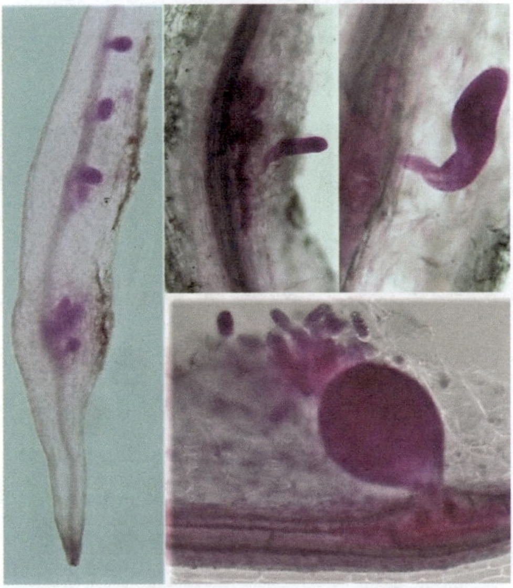

韭菜根结组织内的根结线虫寄生状态

发病规律

病原线虫以卵或幼虫随病根组织在土中存活，通过带虫种薯、菜苗、土壤远距离传播，田间可随灌溉水、农具及耕作管理活动等转移传播。土质疏松、盐分低的地块适于线虫繁殖、侵染。连作地发病重，温室、大棚蔬菜比露地蔬菜发病重。目前，蔬菜根结线虫病成为蔬菜基地和设施栽培蔬菜的重要病害。

防控要点

种植无病种苗：选择无病土培育无病壮苗，购买菜苗时要注意检查，严防带病苗传入新地。

清除土壤虫源：①发病田收获后及时拔除病死植株，清理病残根。②种植前深翻晒土,通过阳光和风的干化作用可以减少根结线虫的群体。③自然热力杀死土壤中线虫有两种方法：一是露地利用阳光暴晒土壤。先深翻土壤，然后用塑料薄膜覆盖于湿润的土壤上，积累太阳的辐射能，达到能杀死线虫的水平；二是温室和大棚在收获后的炎热夏季，彻底清除室内各植物残体，翻松土壤后关闭温室和大棚，经半个月至一个月休闲暴晒，能杀灭土壤中许多寄生线虫。④用棉隆 98%~100% 微粒剂处理温室、苗床及大田土壤。施药前先将土壤耙成细碎结构，并使土壤湿润（处理前土壤含水量至少为 50%）。按每平方米土壤施药 30~40 克，将颗粒剂均匀撒播于土壤表面，然后用细齿耙将颗粒剂混入所需土壤深度（一般为 20 厘米）。将土面压实或覆盖塑料薄膜，保持土壤湿润状态 5 天左右，处理至少 5~7 天之后，对处理层进行松土和彻底通气 3 天，然后播种或种植。⑤定植前 10~15 天用氰氨化钙 50% 颗粒剂 40~50 千克 / 亩沟施。

实行生态治理：①重病菜地可与水稻、莲藕、茭白等作物进行水旱轮作。②施用腐熟有机肥，增施磷钾肥；在沿海地区可施用虾壳和蟹壳等海产品的废弃物，改善土壤中有益微生物环境和增强植株抗性。③应用生物防治，淡紫拟青霉（*Paecilomyces lilacinus*）和厚壁孢普可尼亚菌（*Pochonia chlamydosporium*）2 种真菌对根结线虫卵寄生性强，可推广使用淡紫拟青霉制剂和厚壁孢普可尼亚菌制剂。

适度药剂防治：重病田在蔬菜种植期和生长期适当施用丁硫克百威、阿维菌素、噻唑膦、氟吡菌酰胺、氟烯线砜等杀线虫剂。使用杀线虫剂时用药量和施药方法严格按照使用说明书。化学杀线虫剂较适合在瓜类蔬菜和茄果类蔬菜上使用。

CHAPTER Three 三、霉粉锈核病

这是一类病征显著的真菌性病害，在发病部位会产生明显的霉状物、粉状物、锈状物、菌核等，病害多以病征或病原物名称命名。

（一）疫霉病

疫霉病又称晚疫病或疫病，是由疫霉属（*Phytophthora*）病菌引起的一类重要病害。疫霉为害马铃薯、番茄、辣椒、茄、洋葱、黄瓜、芋、豇豆、大豆、菠菜等多种蔬菜。该病的特点是破坏性大，流行性强。作物整个生育期都可发病，病菌侵染植株的根、叶、茎或果实，引起根腐、茎基腐、全株枯萎。病斑黑褐色、水渍状，湿度大时病斑部可见灰白色霉层。

病例

1. 马铃薯晚疫病

苗期至成株期均可发病，病菌侵害叶、茎和薯块。叶片染病先在叶尖或叶缘有水渍状绿褐色斑点，湿度大时病斑迅速扩大，呈褐色，病斑背面产生一圈白霉；发病严重的叶片萎垂、卷曲，终致全株黑腐。茎部或叶柄染病呈现褐色条斑。块茎染病，初生褐色或紫褐色凹陷病斑，潮湿时变褐腐烂。

病原：致病疫霉（*Phytophthora infestans*）。

2. 番茄晚疫病

苗期和成株期均可受害。幼苗染病，茎基变黑褐色折倒。通常植株下位叶片先发病，病斑从叶尖和叶缘向内扩展，初呈水渍状暗绿色，后变褐色，不规则，潮湿时病斑扩展快，导致整叶枯死或腐烂，病斑周围形成一

轮白色霉。幼果发病初期形成油渍状暗绿色病斑，而后转为暗褐色至棕褐色，边缘呈云纹状，潮湿时长出少量白霉，严重时迅速腐烂。

病原：致病疫霉（*Phytophthora infestans*）。

马铃薯晚疫病病斑（正面）

马铃薯晚疫病病斑（背面）

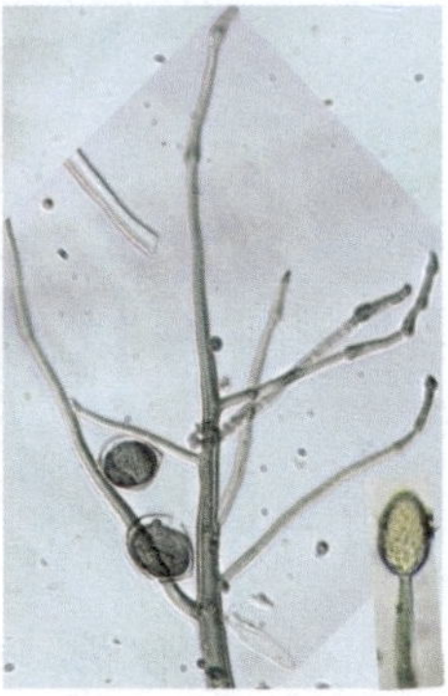
马铃薯晚疫病菌孢囊梗和孢子囊

番茄晚疫病：苗期（左）和结果期（右）症状

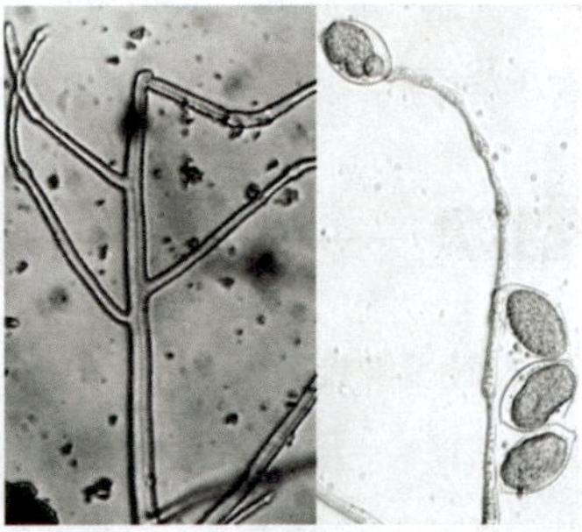
番茄晚疫病菌孢囊梗（左）和孢子囊（右）

3. 番茄黑胫病

发生于苗期至成株期，以苗期受害重。病菌从根部和根颈部侵染，病株根系初期为水渍状黄褐色，后期变黑腐烂，不发生新根。根颈部和茎部发病表皮变黑腐烂凹陷，病组织可以沿茎向上下扩展，腐烂表皮易剥落；病茎木质部和髓部变褐坏死。病株叶片自下而上黄化，严重时凋萎倒伏和枯死。

病原：寄生疫霉（*Phytophthora parasitica*）。

番茄黑胫病发病初期

番茄黑胫病引起植株萎蔫

番茄黑胫病茎变黑萎缩

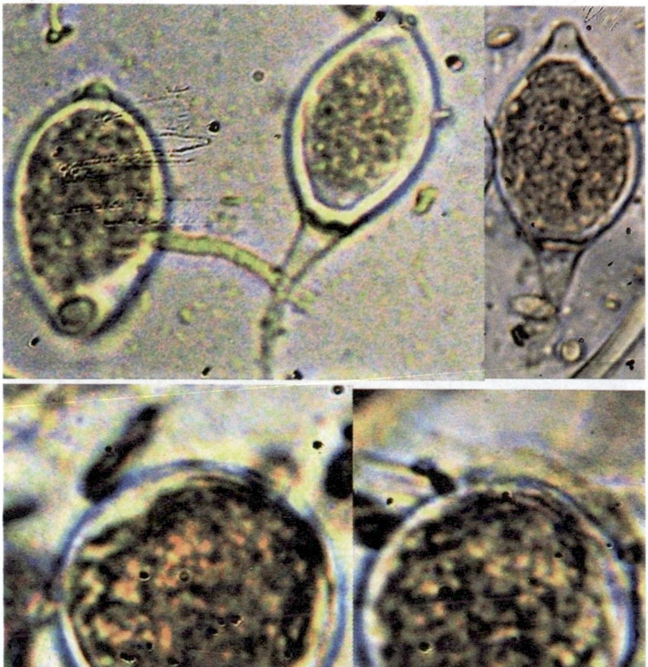

番茄黑胫病：孢子囊（上）和卵孢子（下）

4. 辣椒疫病

为害根部和茎部。根系受害初期呈水渍状黄褐色，后期变黑腐烂；茎部受害表皮呈水渍状变黑腐烂，木质部变褐。严重发病时植株萎蔫枯死。

病原：辣椒疫霉菌（*Phytophthora capsici*）。

辣椒疫病全株症状

辣椒疫病：根茎变黑腐烂（左），木质部变褐（右）

5. 葱疫病

葱疫病是葱常见的病害之一，主要为害大葱、细香葱、洋葱和韭菜等葱蒜类蔬菜。病菌侵害叶片，叶尖和叶上部先发病，逐渐向下扩展。初期病斑暗绿色，水浸状；扩大后为灰白色病斑，后期叶片枯萎，病部以上易折断。空气湿度大时，病部产生白色霉层，剥开叶片病部，葱管内壁可见到白色絮状霉层。发病严重时田间呈现成片葱叶枯白。

病原：辣椒疫霉（*Phytophthora capsici*）。

6. 毛豆疫病

毛豆各个生育期都可以发病，引起根腐、茎腐、植株矮化、枯萎和死亡。种子和幼芽出土前腐烂，出土后幼苗根及下胚轴变褐，软化形成猝倒；真叶期幼苗发病后茎部呈水渍状，叶片枯黄，严重时枯萎。成株期通常在茎基部发病，出现黑褐色病斑并向上下扩展；病茎髓部变褐，皮层和维管束组织坏死、叶片下垂而不脱落；根变黑褐色。

病原：大豆疫霉（*Phytophthora megasperma* f. sp. *glycinea*）。

葱疫病：田间症状（左）和病株症状（右）

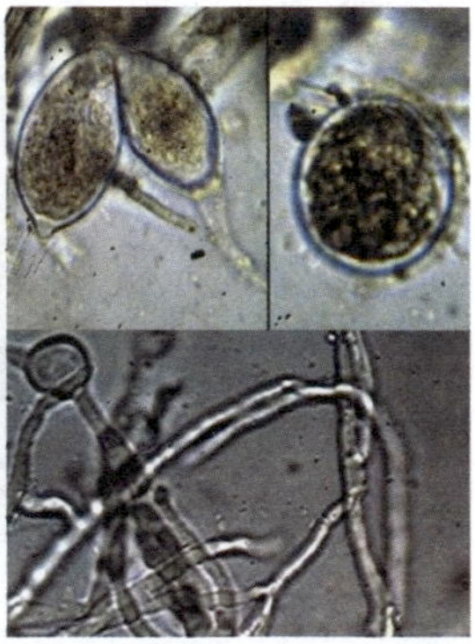

辣椒疫霉：菌丝（下），孢子囊（左上），藏卵器（右上）

毛豆疫病苗期症状

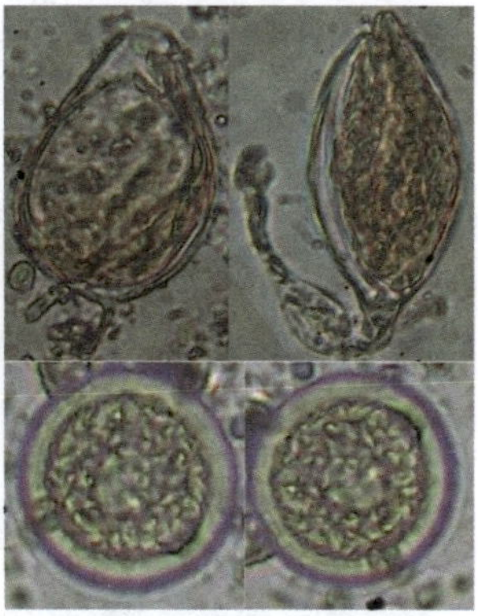

大豆疫霉孢子囊（上）和卵孢子（下）

7. 黄瓜疫病

黄瓜整个生长期都能受害。幼苗受害引起茎基腐，严重时造成死苗。叶片上产生暗绿色、水渍状圆形或不规则形病斑，病斑湿度大时腐烂，干燥时呈青白色、易破碎。瓜条呈水渍状软腐，产生棉絮状霉层。

病原：德氏疫霉（*Phytophthora drechsleri*）。

黄瓜疫病：瓜霉烂

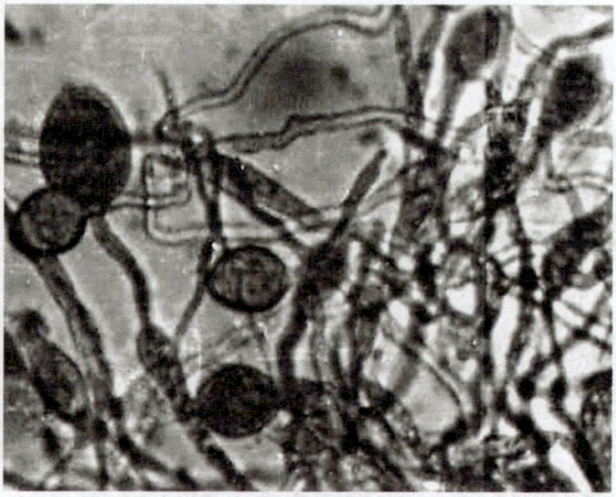

黄瓜疫霉孢子囊、孢囊梗和菌丝

8. 芋疫病

叶片、叶柄和球茎均可受害，引起叶枯和球茎腐烂。叶片上病斑初期为黄褐色斑点，斑点扩大和相互愈合呈圆形或不规则形，病斑周围呈暗绿色或黄色水渍状，潮湿时病斑上长出稀疏的灰白色霉层，并有淡黄色小液滴溢出。病斑常开裂，多个病斑愈合后病叶变黑腐烂，最后仅残存叶脉。叶柄上病斑大小不等、形状不规则，呈黑褐色，周围组织褪绿；病斑环绕叶柄可使叶柄折断，叶片萎蔫。球茎染病部分组织或整个球茎变褐腐烂。

病原：芋疫霉（*Phytophthora colocasiae*）。

芋疫病田间症状

芋疫病叶枯症状

芋疫病叶片腐烂（上）和叶柄倒折（下）

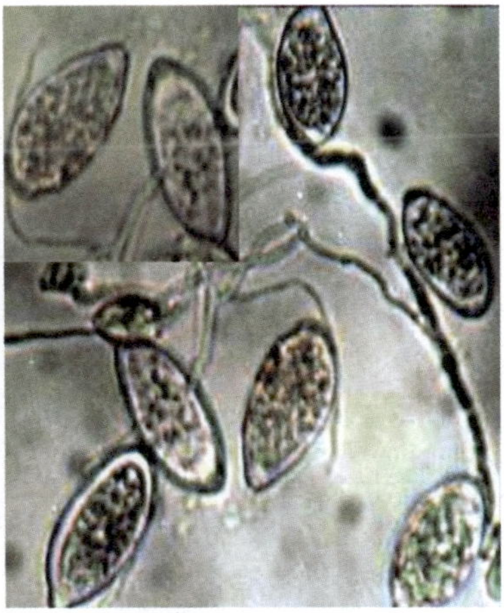

芋疫霉孢子囊和菌丝

发病规律

疫霉菌以菌丝体、卵孢子或厚垣孢子随病残体在土壤中，或在种子和无性繁殖材料中存活；通过气流、雨水、灌溉水传播，从寄主植物的表皮或气孔直接侵入。持续阴雨和高湿多雨季节，地势低洼、排水不良、田间湿度大，老病田、连作地等发病重。

防控要点

选用抗病品种：因地制宜选用抗病品种。

加强栽培防病：高畦栽培，合理密植，及时整枝间苗；增施有机肥，注意氮、磷、钾均衡施肥。清除病残体，减少菌源。

适时药剂防治：发病前和发病初期用烯酰吗啉 50% 水分散剂 1500~2000 倍液或霜霉威 72.2% 水剂 800~1000 倍液喷施，隔 7~10 天 1 次，共 3~4 次。

（二）霜霉病

霜霉病是一种空气传播的病害，为害白菜类、甘蓝类、茄果类、豆类、瓜类、葱蒜类、薯芋类和绿叶蔬菜等许多蔬菜。此病流行性强，可以在短期内大面积流行。蔬菜苗期至成株期均可发病，以成株期受害最重；病菌能侵染叶、茎、花、果等器官，病害一般从植株下部老叶或成熟叶片开始发病，并逐步向上部叶片扩展，发病初期叶面上产生褪绿斑，后逐渐扩大为多角形或不规则病斑，病斑呈黄绿色，后期转变为褐色。大量病斑连接成片，导致全叶干枯卷缩。在清晨或潮湿条件下，病斑背面可见白色霉层。

病例

1. 十字花科蔬菜霜霉病

（1）白菜霜霉病

叶片正面出现淡绿至淡黄色的小斑点，扩大后呈多角形黄褐色病斑，潮湿时叶背面病斑上生出白色霉层。开花结果期为害花序、果茎和果荚。受害花梗和果梗肥厚弯曲，肿胀畸形，呈“龙头”状；受害花瓣肥厚畸形、变绿，呈叶瓣花；受害果荚肥大畸形，不能结实，表面产生白色霉层。

（2）花椰菜霜霉病

主要为叶片受害，嫩茎和花梗上偶有发生。叶片上的病斑呈暗绿色至淡黄褐色，湿度大时，病斑背面可见白色霉层。

（3）包菜霜霉病

主要为叶片受害，叶面病斑呈多角形或不规则形，黄色或淡黄褐色，稍凹陷。潮湿时病斑背面产生白色或灰白色霉层。发病严重时病斑连片，致使叶片干枯。

（4）甘蓝霜霉病

叶面病斑不规则、黄色或淡黄褐色，潮湿时病斑背面产生灰白色霉层。

病原：寄生霜霉（*Peronospora parasitica*）。

白菜霜霉病田间流行状态

白菜霜霉病病叶背面（左）和正面（右）

白菜花序霜霉病（龙头病）

白菜果穗种荚霜霉病

花椰菜霜霉病

包菜霜霉病叶背症状

甘蓝菜霜霉病

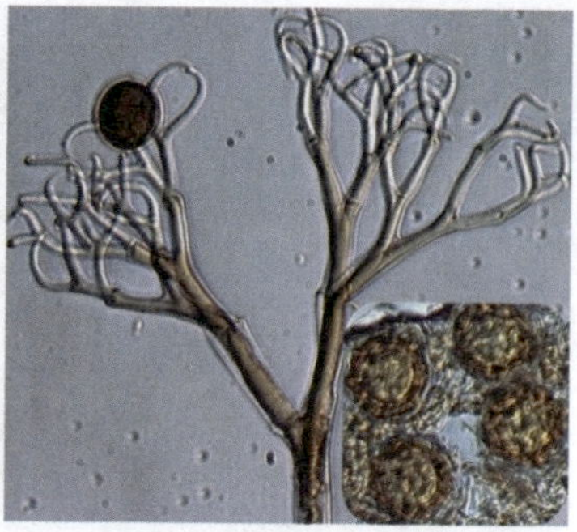

十字花科蔬菜霜霉孢囊梗、孢子囊和卵孢子

2. 葱霜霉病

该病害有系统侵染和局部侵染两种类型。由鳞茎带菌引起系统侵染时，植株矮化，叶片扭曲，叶色褪绿；湿度大时叶片与茎表面形成灰白色绒状霉，干燥时病斑呈白色。病菌在葱生长期产生局部侵染，葱叶上病斑卵圆形或椭圆形、黄白色或淡黄色、边缘不明显，潮湿时产生稀疏灰色霉，干

葱霜霉病田间症状（下），病株（左上），葱霜霉菌（右上）

燥时病斑成为枯斑。叶片上部受害产生“烂尾”，叶片中部和下部受害，引起叶片腐烂倒折。

病原：葱霜霉菌（*Peronospora schleidenii*）。

3. 瓜（黄瓜、丝瓜）霜霉病

幼苗期子叶易感病，子叶正面不均匀褪绿、黄化，条件适合时子叶很快变黄枯干。成株期一般下部叶先发病，病叶先出现淡黄色至鲜黄色不规则病斑，后扩大为黄褐色多角形病斑。潮湿时病斑背面出现紫黑色霉层，后期病斑连成片，叶片枯死。

病原：古巴假霜霉（*Pseudoperonospora cubensis*）。

黄瓜霜霉病田间症状

黄瓜霜霉病叶背面（左）和叶正面（右）

苦瓜霜霉病叶面症状

苦瓜霜霉病叶背症状

丝瓜霜霉病田间症状

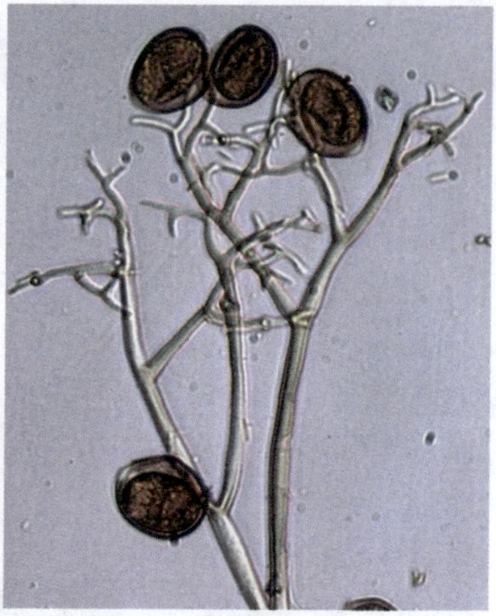

古巴假霜霉孢子囊和孢囊梗

4. 莴苣霜霉病

苗期至成株期均可发病，以成株期受害重。病害由植株下部叶片向上部叶片蔓延。病叶叶面产生淡黄色近圆形或多角形病斑，潮湿时叶背病斑上产生白色霜状霉层；病斑连片致使全叶干枯。

病原：莴苣盘梗霉（*Bremia lactucae*）。

莴苣霜霉病田间症状

莴苣盘梗霉的孢囊梗和孢子囊

莴苣霜霉病叶面症状

莴苣霜霉病叶背症状

5. 毛豆霜霉病

全生育期均可发病，病菌侵害叶片、叶柄和豆荚。叶面形成圆形或不规则形的黄色至褐色病斑，潮湿条件下叶背形成白色霜状霉层。叶柄受害形成褪绿至黄褐色病斑。豆荚受害在荚表面形成黄色病斑，剥开豆荚后在荚壳内表面和豆粒表面有白色菌丝。

毛豆霜霉病田间症状

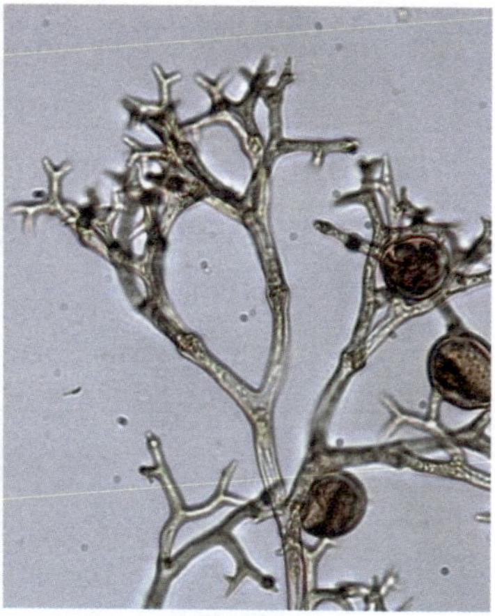
毛豆霜霉菌孢囊梗和孢子囊

病原：东北霜霉（*Peronospora manshurica*）。

发病规律

病菌多以卵孢子在病株残余组织和土壤中存活，卵孢子萌发产生游动孢子形成初侵染，病组织上产生大量孢子囊经气流和雨水传播进行再侵染。春末夏初或秋季连续阴雨天气易发生病害。

防控要点

栽培防病：高畦栽培，密度适宜；早间苗、早定苗；清除病残体，减少菌源。

环境消毒：病田土壤用二氯异氰脲酸钠 20% 可湿性粉剂 200~300 倍液喷施畦面和田间地面；发病过的蔬菜栽培大棚用二氯异氰脲酸钠 66% 烟雾剂熏蒸消毒。

药剂防治：发病初期用霜霉威盐酸盐 722 克 / 升水剂 800~1000 倍液，或烯酰吗啉 50% 可湿性粉剂 500~600 倍液喷施，隔 7~10 天 1 次，共 2~3 次。其他药剂和施药方法参照疫霉病。

（三）白锈病

白锈病发生于白菜、甘蓝、包菜、油菜、芥菜、芜菁、大头菜、萝卜、甘薯、蕹菜、苋菜、白花菜、黄花菜、山葵等许多蔬菜。植物茎、叶片、叶柄、果实均可受害，初期叶正面显现黄绿色不规则斑点，叶背面出现稍隆起的白色近圆形至不规则疱斑（孢子囊堆），孢子囊成熟后疱斑表皮破裂并散出白色粉末状物。

病 例

1. 白菜、芥菜白锈病

叶片、茎、花序、花瓣、果荚均可受害。叶片受害叶面初生黄色斑点，叶背面产生乳白色疱斑，一张叶片上疱斑可多达几十个。疱斑后期表皮破裂反卷，散落出白色粉末状孢子囊。茎和花梗受病菌刺激后肿大弯曲，呈“龙头”状。花瓣受害后肿大畸形，变绿，呈叶瓣状。种荚受害，肿大畸形，不能结实。肥肿的病组织内形成有性繁殖器官，能找到藏卵器和卵孢子。

病原：白锈菌（*Albugo candida*）。

芥菜白锈病叶面症状

芥菜白锈病叶背症状

白菜花序形成“龙头”和“瓣叶”

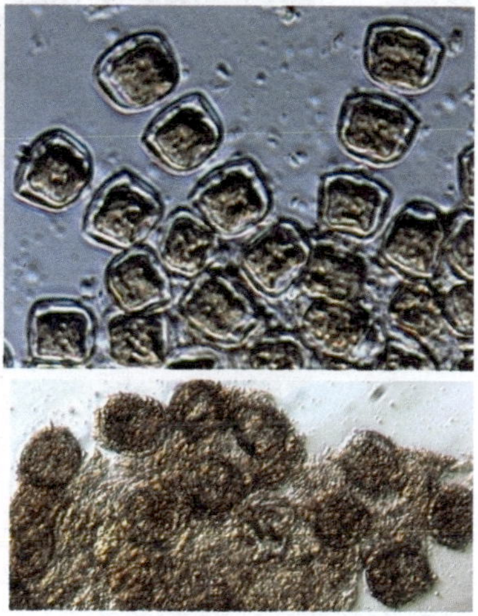

白锈菌串生孢子囊（上）和卵孢子（下）

2. 蕹菜白锈病

叶片、根、茎均可受害。叶面上产生黄色圆形或近圆形病斑，叶背面产生白色或黄白色疱斑。茎、根茎和根部受侵染后肿大畸形，肿瘤内充满卵孢子。根和茎部受害的植株，新生叶片肥厚、僵硬、皱缩、细长，呈柳叶状。

病原：蕹菜白锈菌（*Albugo ipomaoeae-aquaticae*）。

蕹菜白锈病植株丛生、形成柳叶状新叶

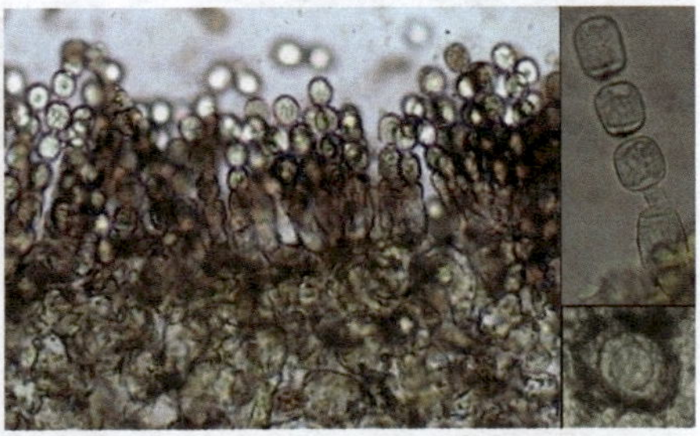
蕹菜白锈菌的孢子囊堆、孢子囊和藏卵器

蕹菜白锈病叶片白锈斑（左），根、根颈和茎肿大（右）

蕹菜白锈病根颈部肿大

3. 山葵白锈病

叶片、叶柄、花梗均可受害。受害叶片初期在叶面产生黄色小斑点，相对的叶背产生白色小斑点，后逐渐扩大成不规则形状、白色隆起的疱斑，疱斑表皮破裂散出粉末状孢子。

病原：山葵白锈菌（*Albugo wasabiae* ）。

山葵白锈病叶面（左）和叶背（右）症状

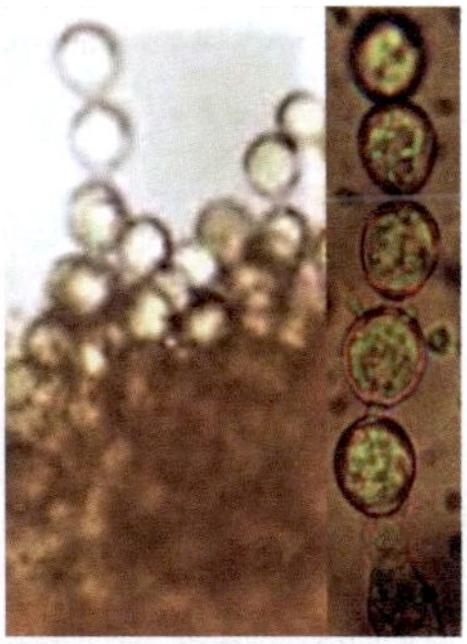

山葵白锈菌孢子囊堆和串生孢子囊

发病规律

病菌以菌丝体或卵孢子在留种株或病株残体中存活，孢子囊借气流和雨水溅散传播。低温多雨、昼夜温差大、露水重，连作或偏施氮肥、植株过密、通风透光不良及地势低排水不良的菜地发病重。

防控要点

参照疫霉病和霜霉病。

（四）锈病

锈病是豆类、葱蒜类蔬菜的重要病害，病原菌通常局部侵染，蔬菜的叶、果、枝干等部位受害。发病初期在受害部位形成点状褪绿斑点，后逐渐形成黄色或锈褐色疱状物（孢子堆）。后期疱斑表皮破裂，散出黄色或红褐色粉末（夏孢子和冬孢子），叶片枯焦和脱落。

病例

1. 豇豆锈病

叶片、叶柄、茎和豆荚均可受害。叶面产生褪绿至褐色近圆形小斑，叶背产生淡黄色至褐色隆起的粉疱斑（夏孢子堆），疱斑表皮破裂后散出红褐色粉末（夏孢子）。后期形成黑色的冬孢子堆，使叶片变形早落。叶正背两面有时可见稍凸起的栗褐色粒点（性子器），叶背面产生黄白色绒状物（锈子器）。叶柄、茎和种荚上孢子堆与叶上相似。

病原：豇豆属单胞锈菌（*Uromyces vignae*）和豇豆单胞锈菌（*Uromyces vignae-siensis*）。两种菌均为害豇豆，豇豆单胞锈菌的冬孢子顶部乳突无色，豇豆属单胞锈菌冬孢子顶部乳突淡褐色。

豇豆锈病叶片和藤蔓症状

豇豆锈病叶面病斑（左）和叶背孢子堆（右）

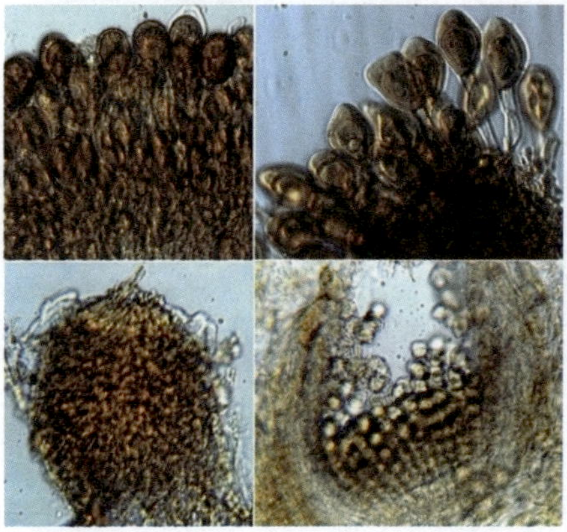

豇豆属单胞锈菌：夏孢子堆（左上），冬孢子堆（右上），性子器（左下），锈子器（右下）

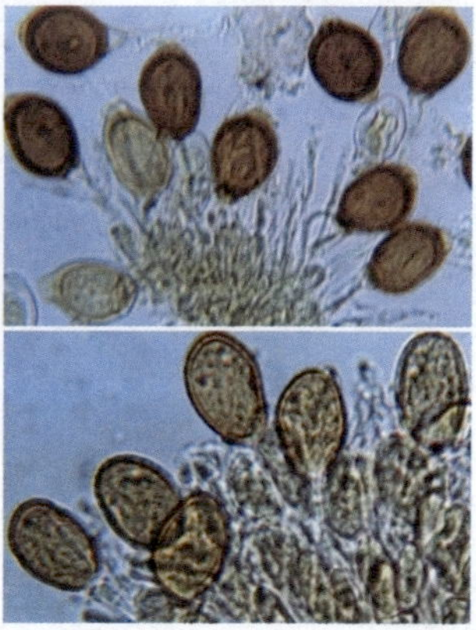

豇豆单胞锈菌：夏孢子堆（下）和冬孢子堆（上）

2. 菜豆锈病

叶片、茎和豆荚均可受害。染病叶先出现许多分散的褪绿小点，后隆起形成黄褐色疱斑（夏孢子堆），在寄主生长后期疱斑转变为黑褐色（冬孢子堆），斑点周围有黄色晕圈。茎和豆荚上孢子堆与叶片相似。

病原：瘤顶单胞锈菌（*Uromyces appendiculatus*）。

菜豆锈病病叶

菜豆锈菌夏孢子堆

3. 花生锈病

主要为花生叶片受害，托叶、叶柄、茎等部位也可受害。叶面受害初期出现针尖大小淡黄色小斑、后扩大，病斑背面形成黄褐色至褐色疱疹斑（夏孢子堆）；孢子堆表皮破裂露出红褐色粉末状物（夏孢子），后期叶片变黄干枯。托叶、叶柄、茎等部位的夏孢子堆与叶上相似。

病原：花生柄锈菌（*Puccinia arachidis*）。

4. 葱锈病

葱叶发病初期产生褪绿斑点，继而转变为橘黄色隆起的粉疱斑（夏孢子堆），后期形成椭圆形或纺锤形栗褐色的粉疱斑（冬孢子堆）。孢子成熟后粉疱斑表皮纵裂翻起，散出病菌孢子。病菌孢子随着风雨传播扩散和再侵染，导致大面积葱发病和枯死。

病原：葱柄锈菌（*Puccinia allii*）。

花生锈病田间症状

花生锈病叶背孢子堆（左）和叶面病斑（右）

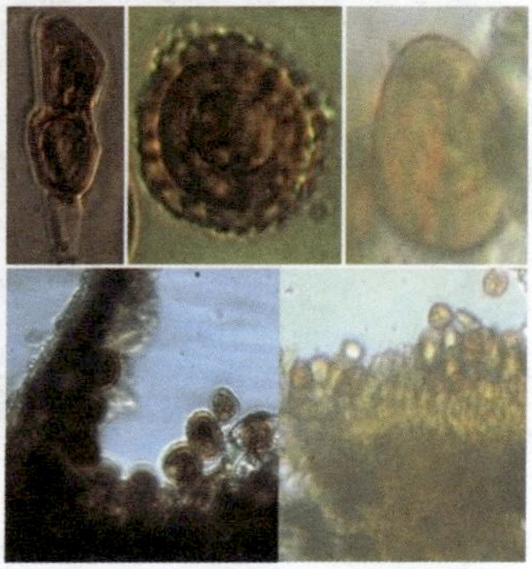

花生锈菌：夏孢子堆（下左），锈孢子堆（下右），冬孢子（上左），夏孢子（上中），锈孢子（上右）

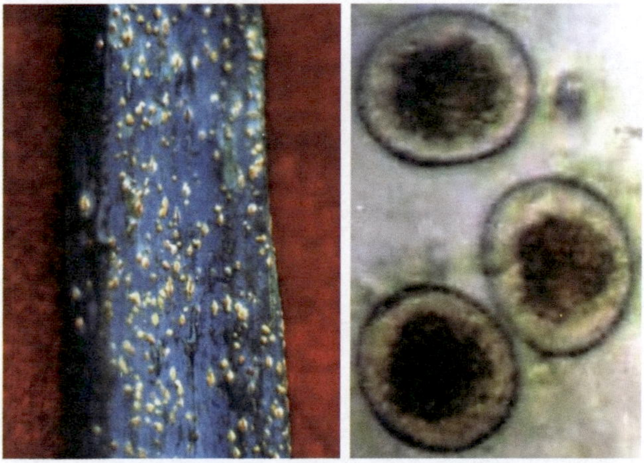

葱锈病症状（左）和葱锈菌夏孢子（右）

5. 金针菜锈病

菜叶和花茎均可受害，受害叶片背面及花茎上散生或群集黄色或橘红色小疱斑（夏孢子堆），疱斑表皮破裂散发出大量铁锈状粉末，严重的造成全株叶片枯死；后期叶片背面和花茎上产生黑褐色长椭圆形或线条状的冬孢子堆。受害病株少抽薹或不抽薹，花茎变红褐色，花蕾干瘪，易脱落。

病原：萱草柄锈菌（*P. hemerocallidis*）。

金针菜锈病症状（左）和萱草柄锈菌夏孢子堆（右）

发病规律

病菌以冬孢子在病株残体上存活，气流传播；高温高湿有利锈病发生，高温、昼夜温差大及结露时间长，锈病易流行。苗期一般不发病，秋播菜豆及连作地发病重。

防控要点

清洁田园：清除残株病叶集中销毁，清除田间地头杂草，减少病源。

加强栽培管理：施足基肥，栽植密度适当，植株间应有良好的通风条件。春季苗期适当施用氮肥，增施磷钾肥，增强植株抗病力。

药剂防控：发病初期选用嘧菌酯 50% 水分散剂 2000 倍液或苯醚甲环唑 10% 水分散粒剂 1000 倍液喷施，隔 7~10 天喷 1 次，连续喷 2~3 次。

（五）白粉病

白粉病发生于白菜类、萝卜、豆类、瓜类、茄果类等许多蔬菜。叶片发病初期，叶面出现小的白粉斑，逐渐扩大为近圆形白粉斑，严重时整个叶片覆满白粉，后期叶片褪绿、焦枯。

病例

1. 瓜白粉病

瓜类蔬菜在整个生育期均可发生白粉病，但一般在其生长后期发生严重。叶片、叶柄及茎均可受害。叶片发病初期，叶面上形成圆形小白粉斑，病斑扩展连片后整叶覆盖白粉，叶片焦枯。叶柄和茎受害，表面产生白粉斑。

病原：粉孢菌（*Oidium* spp.）。

黄瓜白粉病症状

南瓜白粉病症状

瓠瓜白粉病症状

西葫芦白粉病症状

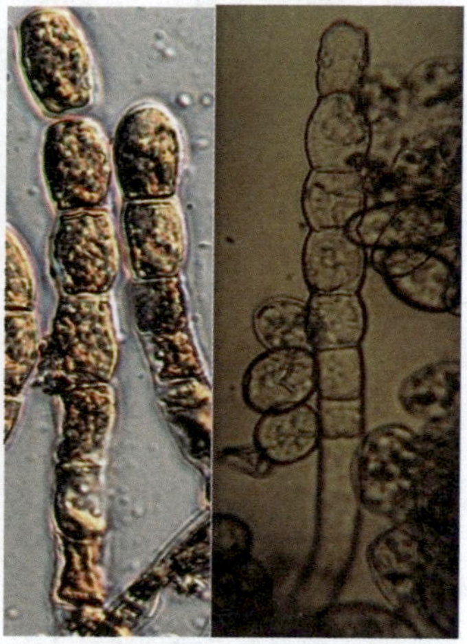

南瓜白粉菌（左）和黄瓜白粉菌（右）

2. 茄白粉病

叶片、茎和果实均可受害，在叶面、茎和果柄表面产生白色粉斑。

病原：粉孢菌（*Oidium* spp.）。

茄白粉病叶片症状

茄白粉病果实症状

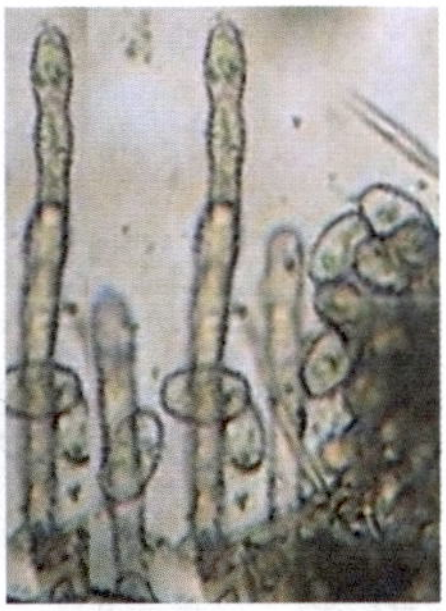
茄白粉菌分生孢子梗及分生孢子

3. 辣椒白粉病

主要为叶片受害。发病初期，叶片上产生黄绿色或淡黄色褪绿斑块，病斑边缘不明显，随病斑扩展逐渐变为黄色斑；叶背面形成粉状白色霉层。严重时病斑布满整个叶片，叶片枯黄、脱落，最后仅残存顶部嫩叶，有的则形成光杆，对产量和品质影响极大。

病原：鞑靼拟粉孢（*Oidiopsis taurica*）。

辣椒白粉病症状

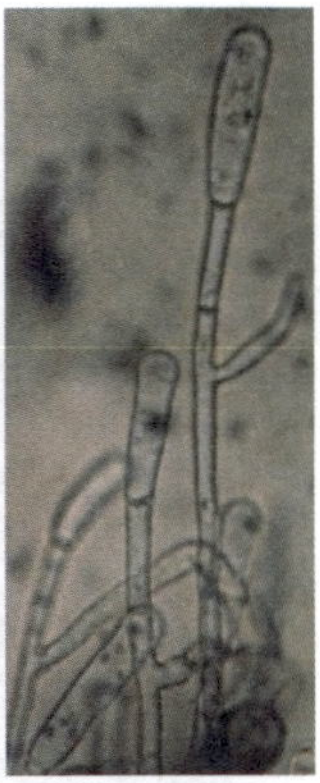
辣椒白粉菌分生孢子梗及分生孢子

4. 豆白粉病

叶片、叶柄、茎、豆荚均可受害。叶片上产生白色粉斑，严重时白色粉状物布满全叶。后期粉斑上出现小黑点。

病原：粉孢菌（*Oidium* spp.）。

豌豆白粉病症状

豇豆白粉病症状

毛豆白粉病症状

5. 胡萝卜白粉病

幼叶、老叶上初生污白色星点状霉层，很快扩展成大片白色菌丝层。

病原：粉孢菌（*Oidium* spp.）。

6. 山葵白粉病

叶面上产生白色粉斑，受害组织皱缩畸形。

病原：粉孢菌（*Oidium* spp.）。

胡萝卜白粉病症状

山葵白粉病症状

发病规律

菌丝体在病组织内存活，分生孢子通过气流传播。白粉菌较耐干旱，因此，白粉病在干燥的气候条件下和设施栽培的环境中容易发生。在高温高湿和高温干旱交替的气候条件下病害易流行。凡植株栽种过密，施氮肥过多的菜地，病害发生较严重。

防控要点

清除菌源：收获后及时清除病残体，深翻土壤。

栽培防病：合理密植和科学施用肥水，增强植株生长势，提高抗病力。设施栽培时要适当开棚调节棚内的空气和湿度。

药剂防控：发病初期及时摘除病叶，选用氟菌唑 30% 可湿性粉剂 1500~2000 倍液，或腈菌唑 5% 乳油 1500 倍等，每隔 7~12 天喷 1 次，连续喷 2~3 次。

（六）灰霉病

由葡萄孢菌（*Botrytis*）侵染引起的植物病害通称为灰霉病。此病可以发生于植物的叶、茎、花、果（荚）和贮藏器官，引起腐烂。灰霉病最显著的诊断特征是在发病部会产生灰色霉层，有时还能形成菌核。大棚蔬菜和设施蔬菜灰霉病发生较重。

病例

1. 黄瓜灰霉病

病菌先从近谢花的幼果脐部侵入，导致花瓣腐烂并长出灰褐色霉层。病菌继续向幼瓜扩展，致使果实脐部呈水浸状腐烂，病部萎缩呈现“尖瓜”，长满灰色粉状霉层。病花和腐烂幼果粘连于成熟瓜上，也能引起成熟瓜腐烂。叶片染病初期呈水浸状不规则形病斑，湿度大时产生浅灰色霉层。病瓜或烂花附着在茎蔓上引起茎蔓腐烂，严重时导致茎蔓枯折。

病原：灰葡萄孢（*Botrytis cinerea*）。

黄瓜灰霉病：藤蔓和瓜柄霉烂

黄瓜灰霉病：果尖部霉烂

黄瓜灰霉病：尖瓜和瓜尖腐烂

黄瓜灰霉病：花果腐烂

黄瓜灰霉病：花果腐烂形成霉层和菌核

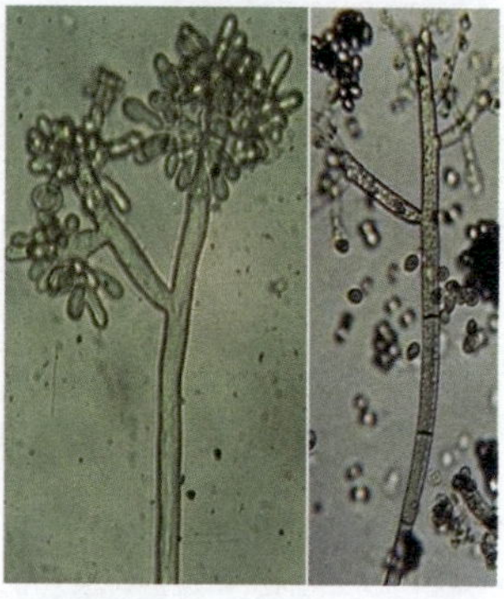

瓜灰霉病菌分生孢子梗（右）和分生孢子着生状态（左）

2. 冬瓜灰霉病

病菌多从凋谢的雌花侵入，致花瓣腐烂长出灰褐色霉层，继而侵染幼瓜导致瓜腐烂并产生灰色霉层；叶片、茎蔓部发病多由脱落的烂花引起。

病原：灰葡萄孢（*Botrytis cinerea*）。

冬瓜灰霉病：瓜腐烂

3. 番茄灰霉病

病菌可侵染叶、茎、果柄、果蒂和果实。受害叶片初为水渍状病斑，后扩大呈不规则淡褐色病斑；茎部多从分叉处发病，初为水渍状淡黄褐色病斑，后扩大成长椭圆形，环绕茎部上下扩展，导致茎表皮腐烂产生灰霉；果实先从果柄和果蒂发病，产生水渍状腐烂并长出灰霉，后期病部可形成黑色菌核，严重腐烂导致落果。

病原：灰葡萄孢（*Botrytis cinerea*）。

4. 茄灰霉病

病菌侵染嫩叶、顶芽或嫩茎产生水渍状病斑。叶缘发病后病斑呈“V”形淡黄褐色，叶片上病斑圆形或近圆形、有晕圈或轮纹，湿度高时长出灰霉。顶芽受害后黄枯并产生灰霉。嫩茎上病斑环绕茎部上下扩展，表皮呈

番茄灰霉病症状：果蒂腐烂

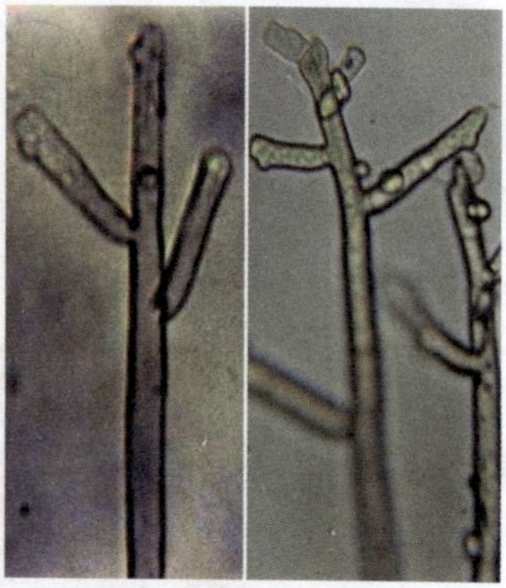

茄科灰霉病菌分生孢子梗

黄褐色腐烂并产生灰霉，病部上端枝叶枯折；病菌侵染花瓣引起花腐和幼果腐烂，产生灰霉；发病花瓣粘连于膨大期茄果的果柄和果实上引起果腐，果实发病初期病斑呈水渍状淡黄色，扩大形成黄褐色有晕圈，果实软化干腐产生灰色霉层。

病原：灰葡萄孢（*Botrytis cinerea*）。

茄灰霉病：茎、果、叶发病症状

5. 辣椒灰霉病

叶片发病产生水渍状淡黄色病斑，病斑上有灰色霉状物；茎病从分枝处和叶柄基础部发病，病斑呈红褐色，后期产生灰色霉层；花受侵染后腐烂，产生成堆的灰色霉堆；果实上先从果柄和果蒂发病，病斑逐渐向果实扩展引起腐烂，腐烂部呈黄色水渍状，果皮皱缩，产生灰色霉层。腐烂严重时果蒂与果实分离。

病原：灰葡萄孢（*Botrytis cinerea*）。

辣椒灰霉病：花、茎、果发病症状

6. 黄秋葵灰霉病

病菌可侵染叶、叶柄、茎、花和果实，以花和果实受害较重。茎部发病，初为水渍状淡黄褐色病斑，后扩大成长椭圆形，环绕茎部上下扩展，导致茎表皮腐烂产生灰霉；叶柄发病呈黄褐色腐烂，叶片凋落；花受侵染后产生黄色腐烂，后期产生灰色霉层。花染病后，病菌和病组织向果实扩展，引起果实腐烂并产生灰色霉层。

病原：灰葡萄孢（*Botrytis cinerea*）。

7. 莴苣灰霉病

先从近地面的外层叶和叶柄开始发病，叶片病斑呈水渍状黄褐色软腐，上生灰色霉层；叶柄腐烂引起叶片凋萎，病株茎基部腐烂后上部茎叶凋萎。

病原：灰葡萄孢（*Botrytis cinerea*）。

8. 马铃薯灰霉病

灰霉病在马铃薯各生育期均可发生，侵染叶片和茎秆。茎部发病形成淡黄褐色病斑，环绕茎部上下扩展，致使表皮腐烂产生灰霉。病菌可从叶缘、叶尖和叶面侵染，叶尖病组织向下扩展形成“V”形病斑，叶缘受侵染时形成半圆形病斑，叶面上形成圆形或近圆形病斑；叶上病斑中部灰褐色，边缘深褐色，有黄色晕圈，潮湿条件下病斑上形成灰色霉层。

病原：灰葡萄孢（*Botrytis cinerea*）。

黄秋葵灰霉病症状

马铃薯灰霉病症状

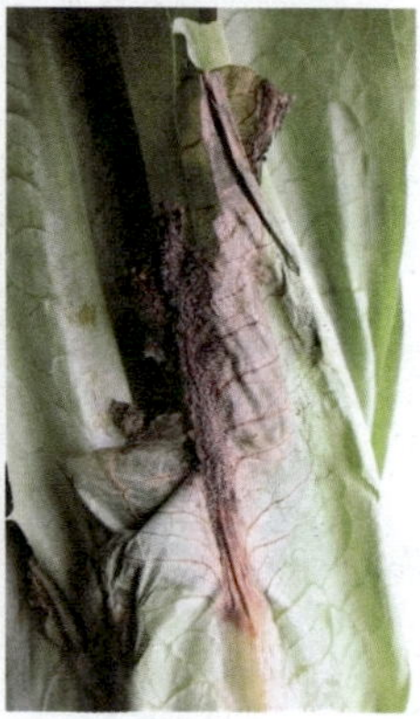
莴苣灰霉病症状

9. 大蒜灰霉病

大蒜灰霉病多发生在植株生长中后期，叶片上病斑开始为水渍状，扩大后呈梭形或椭圆形，白色至浅灰褐色。湿度大时，病斑表面密生灰色至灰褐色绒状霉层。

病原：葱腐葡萄孢（*Botrytis allii*）。

10. 韭菜灰霉病

主要为叶片受害。病害从叶尖向下扩展蔓延，形成黄褐色病斑并腐烂；湿度大时病叶表面密生灰色绒状霉层；湿度较低时形成“干尖”。田间病害流行或贮运期发病，叶片软腐，产生灰色霉层。

病原：葱腐葡萄孢（*Botrytis allii*）。

大蒜灰霉病病叶

韭菜灰霉病引起叶尖腐烂

发病规律

灰霉菌以分生孢子或菌核在病残体上存活，分生孢子通过气流传播。较低温度（20~24℃），高湿（相对湿度在95%以上），降雨天气易发生灰霉病。田间管理不善、冻害、日灼、机械损伤和虫害发生的菜地有利灰霉病发生。灰霉病是大棚设施内蔬菜的重要病害。

防控要点

清除菌源：及时摘除残花败叶，发现病株、病果；收获后清园，翻晒土壤，减少菌源。

药剂防治：发病初期用嘧霉胺40%悬浮剂，或异菌脲50%可湿性粉剂，或乙烯菌核利50%可湿性粉剂1500~2000倍液喷施，隔7~10天喷一次，连续喷2~3次。

大棚烟雾剂熏蒸：蔬菜栽培大棚用嘧霉胺40%烟雾剂熏蒸，对蔬菜灰霉病具显著防效。烟雾剂应选择傍晚和闭棚施用，每亩用量200克，于发病初期熏蒸。

（七）霉病和煤污病

发病植物组织上产生黑色、暗灰色或青绿色霉层，病组织腐烂。叶片受到蚜虫等为害，霉菌在害虫分泌物上生长可导致煤污病。

病例

1. 茄笄霉病

主要为花和果实受害。病菌侵染谢败花器，引起变褐腐烂，其上产生灰黑色绒状物。果实受害多从果蒂侵染，逐步向果实扩展，病果呈水渍状变褐腐烂，表面密布灰黑色霉层。

病原：东北笄霉（*Choanephora manshurica*）。

茄笄霉果腐症状和东北笄霉小型孢子囊（右上）、大型孢子囊（右下）

2. 大蒜（洋葱）青霉病

病害发生于成株期和贮藏期。田间成株期为鳞茎和叶鞘受害，受害组织腐烂，上生青绿色霉层。贮藏期为害蒜头的鳞片和鳞球茎。鳞片上病斑凹陷，暗褐色，上生青绿色霉层，内部鳞球茎腐烂、干缩。

病原：圆弧青霉（*Penicillium cyclopium*）。

大蒜青霉病症状（左、中）和青霉分生孢子梗、分生孢子（右）

洋葱青霉病症状

3. 姜煤污病

姜煤污病发生在叶片和茎秆上，出现点状分布的黑色霉状物，霉点密集时形成黑色霉层。

病原：枝孢霉（*Cladosporium* sp.）。

姜煤污病症状（左）和枝孢霉分生孢子梗、分生孢子（右）

4. 茄煤污病

茄煤污病主要发生于叶片，在叶面上密布黑色点状霉层，果实也可受害。

病原：枝孢霉（*Cladosporium* sp.）。

茄煤污病症状（左）和枝孢霉分生孢子梗、分生孢子（右）

5. 芋煤污病

污染叶片。发病初期叶面上产生点状小黑斑，斑点逐渐扩大和增多，连成片状黑斑块，斑块上产生黑色煤烟状霉层。

病原：枝孢霉（*Cladosporium* sp.）。

芋煤污病发病初期（左）和后期（右）症状

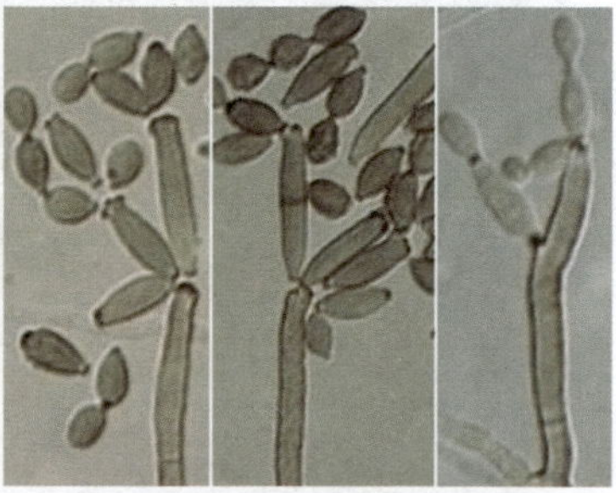

芋枝孢霉分生孢子梗及分生孢子

发病规律

病菌以分生孢子或菌丝在病残体上存活，借风雨传播，从机械伤口或虫伤口侵入，适温高湿有利病害发生。植株生长衰弱，有蚜虫粉虱等危害易诱发煤污病。

防控要点

健身栽培：施足基肥，增施有机肥，培育健壮植株。

清除侵染源：及时摘除衰败叶和脚叶，清除病枝叶；加强虫害防控，减少伤口和污染介质。

药剂防护：病害始见期选用苯醚甲环唑 10% 水剂 1000 倍液，噻菌灵 40% 可湿性粉剂 800~1000 倍液喷施。隔 7~10 天喷 1 次，连续喷 2~3 次。

（八）菌核类病害

菌核类病害的病原有核盘菌属（*Sclerotinia*）、小核菌属（*Sclerotium*）和丝核菌属（*Rhizoctonia*）的真菌。

核盘菌引起的病害称菌核病，可为害十字花科、豆类、瓜类、茄果类等多种蔬菜。病菌侵染植物根部、茎基部、茎部和果实，引起植物组织腐烂，腐烂部产生白色至灰白色菌丝体，上生圆形、圆柱形或不规则形的黑色菌核。

小核菌引起的病害称白绢病，主要为害茄果类、瓜类和豆类蔬菜。植株近地面的茎基部和根茎部发病，受害部位被覆白色绢状菌丝层，上生褐色球形菌核。

丝核菌引起的病害主要是立枯病。该病害发生于寄主植物的苗期和成株期，以苗期受害较严重。受害植物茎基部表皮及维管部变褐坏死，病部缢缩，植株萎蔫或猝倒枯死。

病例

1. 包菜（白菜）菌核病

病害从基部和外层衰老叶片开始，逐渐向内层叶片蔓延；受害部位产生水渍状淡褐色不规则形病斑，组织软腐，有白色棉絮状菌丝体，在菌丝体上形成黑色鼠粪状菌核，叶片腐烂后逐渐干缩。

病原：核盘菌（*Sclerotinia sclerotiorum*）。

包菜菌核病前期症状

包菜菌核病后期症状

白菜菌核病症状

2. 莴苣菌核病

叶用莴苣和茎用莴苣均可发生菌核病。莴苣植株的各器官均可受害，受害后产生根腐、茎基腐、叶腐和全株腐烂。腐烂部位产生繁茂的白色菌

皱叶莴苣菌核病症状

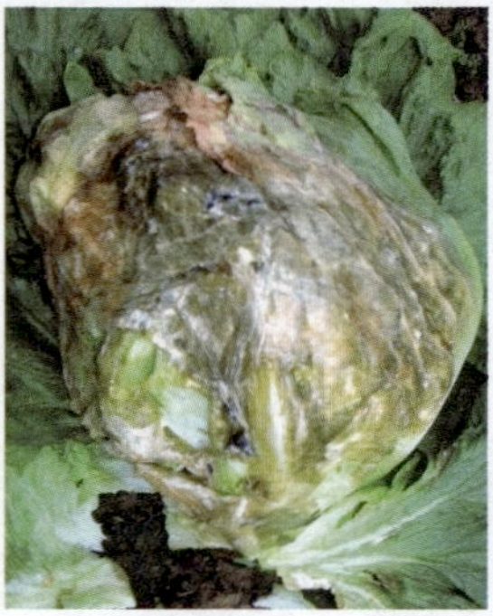

结球莴苣菌核病症状

茎用莴苣菌核病症状

丝体，逐渐形成很多白色小颗粒，而后小颗粒转变为黑色鼠粪状菌核，有时很多菌核连接成块状。

病原：核盘菌（*Sclerotinia sclerotiorum*）。

3. 瓠瓜菌核病

幼瓜、叶片、叶柄和瓜蔓均可受害。染病初期病部呈水渍腐烂，而后长出浓密的白色菌丝体，菌丝体上散生黑色鼠粪状菌核。

病原：核盘菌（*Sclerotinia sclerotiorum*）。

4. 番茄菌核病

叶片、茎和果实均可受害。叶片染病始于叶缘，初呈水浸状，淡绿色，湿度大时长出少量白霉，病叶枯死；果实发病时病害从果柄向果面蔓延，病组织腐烂，产生厚实的白色菌丝层，黑色鼠粪状菌核产生在果实表面的菌丝层上。

病原：核盘菌（*Sclerotinia sclerotiorum*）。

瓠瓜菌核病症状

番茄菌核病病果症状

5. 辣椒菌核病

苗期和成株期均可发病。苗期染病茎基部初期呈水渍状浅褐色斑，后变棕褐色，迅速绕茎一周，湿度大时长出白色棉絮状菌丝或软腐，干燥后呈灰白色，病苗呈立枯状死亡；成株染病主要发生近地处茎部或茎分杈处，病斑绕茎一周后向上下扩展，干燥条件下发病茎部皮层呈褐色枯死；湿度大时，病部表面生有白色棉絮状菌丝体，后茎部皮层霉烂，髓部解体成碎屑，病茎表面或髓部形成黑色鼠粪状菌核。花、叶、果柄染病亦呈水渍状软腐，果实表面长出白色菌丝体，后形成黑色不规则菌核。

病原：核盘菌（*Sclerotinia sclerotiorum*）。

辣椒菌核病病斑和茎枯

辣椒菌核病的白色菌丝层和菌核

6. 蚕豆菌核病

病害主要侵染茎部，茎基部产生水渍状褐色坏死斑和白色絮状菌丝体。受害组织腐烂，后期形成鼠粪状黑色菌核。严重发病的植株茎部腐烂，叶片萎蔫枯死。

病原：核盘菌（*Sclerotinia sclerotiorum*）。

蚕豆菌核病症状

蚕豆菌核病茎横切面和纵切面（皮层腐烂）

7. 胡萝卜菌核病

病害在胡萝卜田间生长期和贮藏期均可发生，侵染根茎部和块根。块根和根茎基部形成水渍状褐色坏死斑和产生白色絮状菌丝体，后期形成黑色鼠粪状菌核。块根受害组织和基部叶柄腐烂，叶片枯萎。

病原：核盘菌（*Sclerotinia sclerotiorum*）。

8. 胡萝卜白绢病

白绢病是胡萝卜的重要病害，此病主要为害近地面的块根根茎部。受害的块根根茎部呈灰褐色至暗褐色坏死、稍凹陷，其上产生白色绢状菌丝层，菌丝可沿地面蔓延并侵染邻近的萝卜植株。白色菌丝体后期形成白色小颗粒，逐渐转为褐色小球状菌核。病株外部和下层叶片的基部叶柄呈淡黄色软腐，叶片变黄萎蔫，最后完全枯死。

病原：齐整小核菌（*Sclerotium rolfsii*）。

胡萝卜菌核病全株症状

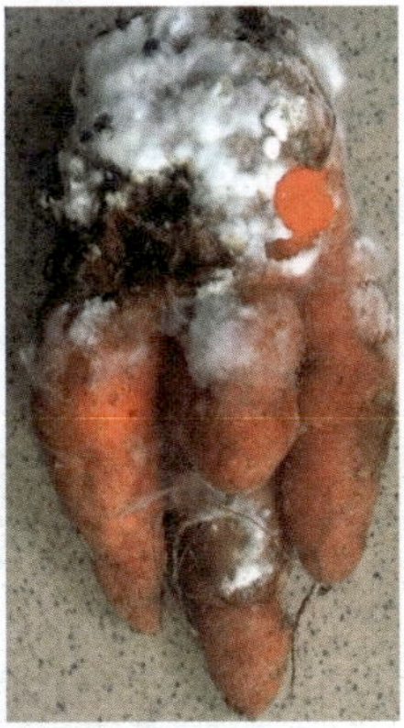

胡萝卜菌核病块根症状

胡萝卜白绢病：块根部和地面产生白色菌丝层和褐色小球菌核

9. 辣椒、番茄白绢病

主要为近地面的茎基部受害。病部初期呈暗褐色水浸状斑，病斑逐渐扩大和稍呈凹陷，表面生白色绢丝状菌丝层，呈辐射状扩展沿茎上下延伸。病株下部叶片枯黄萎蔫，后期在病部的菌丝层上形成茶褐色菜籽状菌核。

染病植株茎部皮层腐烂，露出木质部，或在腐烂部上方长出不定根，终致全株萎蔫枯死。

病原：齐整小核菌（*Sclerotium rolfsii*）。

辣椒白绢病茎部病斑（左）和白色绢状菌丝层（右）

番茄白绢病菌丝、菌丝层和褐色小球状菌核

10. 芋白绢病

病害先发生于芋叶柄基部产生淡褐色不规则斑块，病斑微凹陷软化导致叶柄腐败倒伏、叶片枯萎。叶柄病斑向块茎扩展引起块茎腐烂。被害部位表面产生白绢丝状物，其后产生茶褐色、小球形菌核。

病原：齐整小核菌（*Sclerotium rolfsii*）。

芋白绢病病株叶柄腐烂叶片枯萎（左），病部产生小菌核（右）

11. 辣椒立枯病

病害发生于辣椒苗期至成株期，以苗期受害重。病菌侵染植株的根茎部，发病初期在根茎部一侧产生椭圆形褐色坏死斑，病斑绕茎和向上下扩展引起根茎成段变褐腐烂和缢缩。病茎纵切面观察，其皮层和维管坏死。发病植株萎蔫和枯死。

病原：立枯丝核菌（*Rhizoctonia solani*）。

辣椒立枯病植株症状

辣椒立枯病根茎表面和剖面症状

12. 毛豆、豌豆立枯病

病菌侵染植株的根茎部，发病初期在根茎部一侧产生褐色坏死斑块，病斑绕茎向上下扩展引起根茎变褐潮湿腐烂，腐烂部产生暗褐色菌丝。湿

毛豆立枯病病株和病菌菌丝

豌豆立枯病病株（左）、病茎（中）和病菌菌丝（右）

度大时可产生褐色菌核。

病原：立枯丝核菌（*Rhizoctonia solani*）。

发病规律

菌核病、白绢病和立枯病的病原菌主要以菌核和菌丝残留于土壤或病株残体上存活。田间传播以菌丝体侵染邻近的植株，可通过病健植株或组织接触传染。

防控要点

轮作和深耕：有条件的菜地可与禾本科作物实行隔年轮作。在蔬菜收获后及时清除病株残体，深翻土壤。

清理和隔离侵染源：彻底清除植物下部的枯黄叶和落花残瓣，及时将清除的病株、病枝、病叶和病果，带出田间烧毁或深埋。覆盖地膜，控制病菌繁殖和传播。塑料大棚蔬菜应注意棚内通风和排湿。

药剂防治：发病初期选用乙烯菌核利 50% 水分散粒剂 1000 倍液、菌核净 40% 可湿性粉剂 1000 倍液喷施。

CHAPTER Four 四、萎蔫枯萎根腐病

这是一类由真菌、细菌或线虫侵染引起的根部和维管束病害，由于根部和维管束受害，导致地上部植株萎蔫或枯萎。

（一）真菌性枯萎病、根腐病

真菌性枯萎病常发生于瓜类、豆类和茄果类蔬菜。枯萎病发生与根腐和茎蔓坏死密切相关。枯萎病症状表现为叶片从下向上逐渐萎蔫焦枯，茎基部常有纵裂、病茎维管束变褐色，根变黑腐烂。湿度大时病部表面常呈白色或粉红色霉层。

蔓枯病是瓜类蔬菜的重要病害。瓜苗期受害表现为根部腐烂，藤蔓早期枯萎。成株期病害通常从茎蔓基部分枝处发生，病斑初为水渍状、稍凹陷，病斑扩展后呈椭圆形或梭形，其上密生小黑点。后期病部龟裂干缩露出维管束。

根茎腐烂也会表现出植株萎蔫和枯萎的症状，例如根腐病和猝倒病。

病例

1. 黄瓜枯萎病

病害通常在植株开花结果期显症。发病初期植株叶片从下向上逐渐枯黄、萎蔫；茎蔓基部稍缢缩，常有纵裂，维管束变色，根部褐色腐烂。湿度大时，病部表面出现白色或粉红色霉层。

病原：尖镰孢（*Fusarium oxysporum*）。

黄瓜枯萎病：植株枯萎（左），维管束变褐色（右上），尖镰孢分生孢子（右下）

2. 豌豆枯萎病

病株基部叶片先黄化枯萎，逐渐向上部扩展，最后全株枯萎。根和茎基部呈水渍状淡褐色腐烂，病部常有淡红色霉层。

病原：尖镰孢（*Fusarium oxysporum*）。

3. 豇豆枯萎病

病害从植株基部叶片开始，后逐渐朝上部叶片扩展，导致全株枯萎死亡。叶片先从叶尖和叶缘产生不规则水渍状病斑，病斑扩大后叶片变黄枯萎。根和茎基部呈水渍状淡褐色腐烂，皮开裂，维管束变褐色，病部常有白色霉层。

病原：尖镰孢（*Fusarium oxysporum*）。

4. 茄枯萎病

植株从基部叶片开始发病，病叶枯黄，逐渐向上部叶片蔓延，导致全株枯死；病茎维管束变褐色，湿度大时产生粉红色霉层。

病原：尖镰孢（*Fusarium oxysporum*）。

豌豆枯萎病：田间症状和病菌分生孢子（左），根茎变褐腐烂（右）

豇豆枯萎病症状：萎蔫（左），枯萎（中），根茎变褐腐烂（右上），病菌分生孢子（右下）

茄枯萎病症状：萎蔫（左），枯萎（右），病菌大小型分生孢子（中下）

5. 胡萝卜根腐病

为害根和茎基部，受害部位初期产生水浸状红褐色斑，病害往下扩展引起整条根块腐烂；与病茎相连的叶柄变黄、叶片焦枯。

病原：尖镰孢（*Fusarium oxysporum*）。

胡萝卜根腐病病株症状

胡萝卜根腐病根腐症状

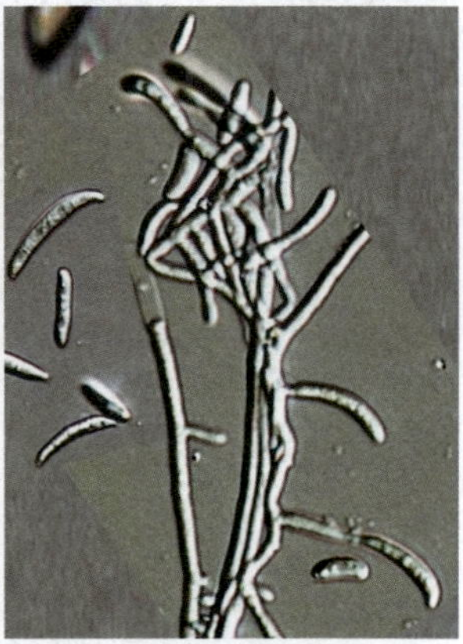
胡萝卜根腐病菌菌丝、分生孢子梗和分生孢子

6. 芹菜根腐病

为害根部和茎基部，受害部位初期产生水浸状红褐色斑，随后转为暗褐色或黑褐色，稍凹陷，叶片变黄，由下往上发展，但叶片不脱落。主根被害腐烂或坏死，侧根少。

病原：尖镰孢（*Fusarium oxysporum*）。

芹菜根腐病全株萎蔫（左），根腐（右上），病菌分生孢子（右下）

7. 黄瓜蔓枯病

该病在瓜类蔬菜的各生育期均可发生，以瓜生长中后期发病

较重，主要为害茎蔓。幼苗茎基部发病后，引起幼芽、叶片萎蔫、腐烂和全株枯萎。茎蔓一般从基部分枝处开始发病，病斑初为水渍状，稍凹陷，病斑扩展后呈椭圆形或梭形，其上密生小黑点。病部龟裂，并分泌琉珀色胶状物，后期干缩露出维管束，呈乱麻状。叶片多从近叶柄处或叶缘开始发病，形成“V”形或半圆形或不规则形的褐色大斑，病斑有不明显同心轮纹，后期产生小黑点，易干枯破裂；干燥气候条件下产生的病斑有明显的轮纹。叶柄染病呈水渍状腐烂，后期病斑上产生许多小黑点，干缩倒折、

黄瓜蔓枯病：苗、叶、瓜果症状

黄瓜蔓枯病：瓜果、藤蔓症状

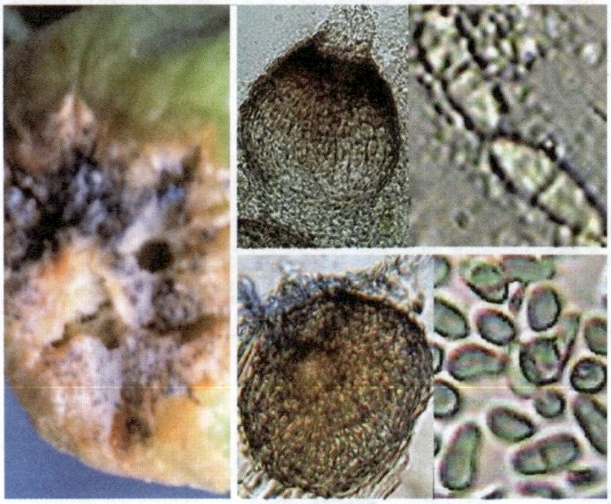

黄瓜蔓枯病病斑上产生菌丝和小黑点（左），亚隔孢壳假囊壳和子囊孢子（右上），壳二孢分生孢子器和分生孢子（右下）

下垂枯死。瓜果先从瓜蒂或近瓜蒂的果面开始发生。果面上初期产生黄褐色小斑病，病斑逐渐扩展形成淡褐色近椭圆形凹陷的大病斑，后期产生小黑点；瓜蒂发病时先在瓜蒂上产生水渍状黄色斑点，病斑绕瓜蒂扩展后形成大面积腐烂，严重时导致瓜果脱落，腐烂的病斑上密生小黑粒点。

病原：有性阶段为泻根亚隔孢壳（*Didymella bryoniae*）；无性阶段为黄瓜壳二孢（*Ascochyta cucumis*）。

8. 花生冠腐病

花生冠腐病又称花生黑霉病、曲霉病、黑曲霉病等。该病主要为茎基部受害，种仁和子叶也可受害，造成死棵或烂种。花生出苗后发病，病菌通常先侵染子叶和胚轴结合部，进而侵染茎基部、根部和果荚。病组织呈黄褐色腐烂，潮湿条件下病部长满松软的黑色霉状物（病菌的分生孢子梗和分生孢子）。病株呈失水状、枯萎死亡。

病原：黑曲霉（*Aspergillus niger*）。

花生冠腐病症状（左），曲霉分生孢子梗和分生孢子（右）

9. 瓜苗猝倒病

主要为瓜类蔬菜幼苗期茎基部受害。瓜苗期露出土表的胚茎基部或中部呈水渍状，受害茎基部呈黄褐色枯缩。幼苗子叶尚未凋萎即可猝倒，导致幼苗贴伏地面。湿度大时，病株附近长出白色棉絮状菌丝。

病原：瓜果腐霉（*Pythium aphanidermatus*）。

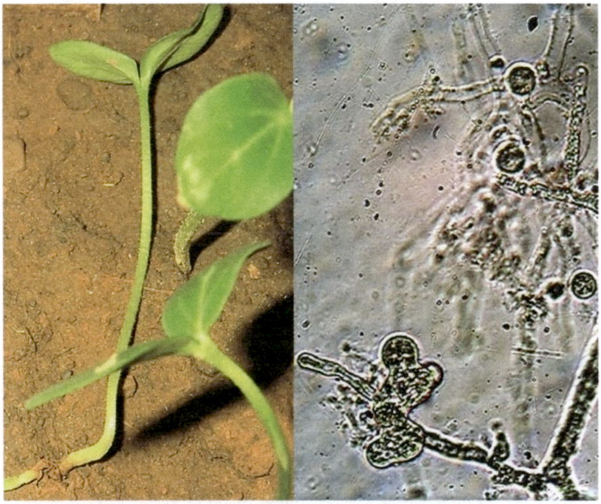

瓜苗猝倒病症状（左），腐霉菌菌丝、孢子囊和卵孢子（右）

发病规律

枯萎病菌、蔓枯病菌和根腐病菌主要以菌丝、子实体在土壤和病株残体越冬，病菌在土壤中有较长的存活期。连作菜地和保护地栽培时发病较重。土质黏重、地势低洼、排水不良、土壤偏酸发病重。

防控要点

培育无病苗：选用健康土壤育苗。用营养土育袋苗、营养钵苗或穴盘苗；田间苗床育苗时，最好选用稻田或无病田作苗床。苗床和营养土消毒时可选用噁霉灵 70% 可湿性粉剂 1000~1500 倍液均匀喷淋土壤，药液用量以湿润土壤为度。

嫁接防病：预防瓜类枯萎病可以采用嫁接苗。以南瓜为砧木、黄瓜为接穗进行嫁接，这种嫁接苗可以预防黄瓜枯萎病。

药剂防治：发病初期选用多菌灵 50% 可湿性粉剂 2000 倍，或甲基硫菌灵 70% 可湿性粉剂 1500 倍，或噁霉灵 70% 可湿性粉剂 800 倍液，防控枯萎病、根腐病、猝倒病时可用上述药液在植株根周围淋浇，每株用药 200~250 毫升；防控蔓枯病时采用喷雾。隔 5~7 天施药 1 次，连喷 2~3 次。

（二）细菌性萎蔫病

细菌性萎蔫病是由劳尔氏菌属(*Ralstonia*)和棒形杆菌属(*Clavibacter*)细菌引起的全株性病害。由劳尔氏菌引起的蔬菜萎蔫通常称为青枯病，主要发生于植株开花结果期。病害发生速度快，发病植株呈急性凋萎，茎叶保持青绿，叶片不凋落；病茎维管束变褐色，用手挤压茎横切面会溢出白色菌脓。将病茎薄片置于显微镜下可以观察其喷菌现象，或将茎剖开浸泡于少量清水中，过 15~20 分钟水变混浊，表明有细菌溢出。

棒形杆菌引起的萎蔫有马铃薯环腐病和番茄溃疡病。这两种病害表现萎蔫，叶色青绿，茎维管束变褐，有菌脓和喷菌现象。马铃薯环腐病萎蔫叶片的叶尖、叶缘褪绿变褐及叶缘向内卷；番茄溃疡病叶缘褪绿，果实上有“鸟眼状”病斑，茎维管束和髓部坏死。

病例

1. 番茄青枯病

多在开花结果期发病。发病初期，病株叶片从顶部向下部相继萎垂，2~3 天后全株凋萎枯死，茎、叶仍保持青绿。根常变褐腐烂，湿度大时茎上产生褐色油渍状不规则斑块，主茎中下部表皮粗糙并产生不定根。茎部维管束变褐色，用手挤压有乳白色菌液渗出。

病原：青枯劳尔氏菌（*Ralstonia solanacearum*）。

番茄青枯病：植株萎蔫（左），茎基坏死有不定根（中），维管束变褐（右上），坏死茎横切面有菌脓（右下）

番茄青枯病细菌检测：病组织喷菌现象（上），病茎细菌浸出液（下右），清水对照（下左）

2. 辣椒青枯病

发病初期仅个别枝条叶片萎蔫，逐渐呈现全株萎蔫，后期植株变褐枯焦；纵剖茎部维管束变为褐色，横切面保湿后可见乳白色菌液溢出。

病原：青枯劳尔氏菌（*Ralstonia solanacearum*）。

3. 茄青枯病

发病初期个别枝条的叶片出现萎蔫，随后扩展至整个枝条。病叶初呈淡绿色，逐渐变褐枯焦，脱落或残留于枝条上。病茎木质部呈褐色，髓部腐烂呈空心状。

病原：青枯劳尔氏菌（*Ralstonia solanacearum*）。

辣椒青枯病田间症状：萎蔫（左），枯萎（右）

茄青枯病田间症状

4. 马铃薯青枯病

苗期和成株期都可发生，通常在成株期多发。植株上部个别枝叶先出现萎蔫，以后逐渐增多。高温高湿条件下呈现全株急性萎蔫，叶片保持青绿。病株茎部出现褐色条纹，剖开茎部维管束变褐，湿度大时，切面有菌液溢出。受害薯块的芽眼呈浅褐色，切开薯块，维管束呈黄色或褐色，严重时呈环状腐烂。

病原：青枯劳尔氏菌（*Ralstonia solanacearum*）。

马铃薯青枯病：田间病株（左），病薯芽眼坏死变黑有菌脓（右上），薯块维管束坏死，有菌脓（右下）

5. 花生青枯病

花生青枯病主要为根部受害，病菌从主根尖端开始向上扩展，主根变褐色湿腐，根瘤墨绿色。病株初期主茎顶梢叶片萎蔫，随后全株叶片自上而下急剧凋萎下垂，整株青枯、叶片暗绿色，后期病株叶片变褐色枯焦。

病原：青枯劳尔氏菌（*Ralstonia solanacearum*）。

6. 姜青枯病

又称姜瘟。发病初期病株叶片失水向背面卷曲，病叶从植株基部向上部发展，最后整株青枯死亡。茎基部和近茎的根部受害，组织变软、淡褐色、水渍状，病株维管束变褐色，用手挤压从维管束溢出污白色菌脓。发病后期，块根变褐腐烂，但皮层较完整。

病原：青枯劳尔氏菌（*Ralstonia solanacearum*）。

花生青枯病田间症状

姜青枯病症状及病组织培养的细菌

7. 马铃薯环腐病

该病为系统侵染的维管束病害，多发生于植株开花后。地上植株和地下块茎均可表现明显症状，地上部植株症状表现为枯斑型和萎蔫型。枯斑型初期症状为叶脉间褪绿，随后叶缘或全叶枯黄，叶缘向上卷曲；病害从植株下部叶片向上部叶片扩展；发病植株矮缩，叶小发黄，分枝少。萎蔫型症状通常表现为植株急性萎蔫，叶片青绿枯死，病株茎基部变为淡黄色或黄褐色。病薯皮色稍暗，芽眼干枯发黑，块茎切面维管束形成黄色或褐色环状坏死腐烂，用手挤压有污白色菌脓溢出。

病原：密执安棒形杆菌环腐亚种（*Clavibacter michiganense* subsp. *sepedonicum*）。

马铃薯环腐病：萎蔫型（左）和枯斑型（右）

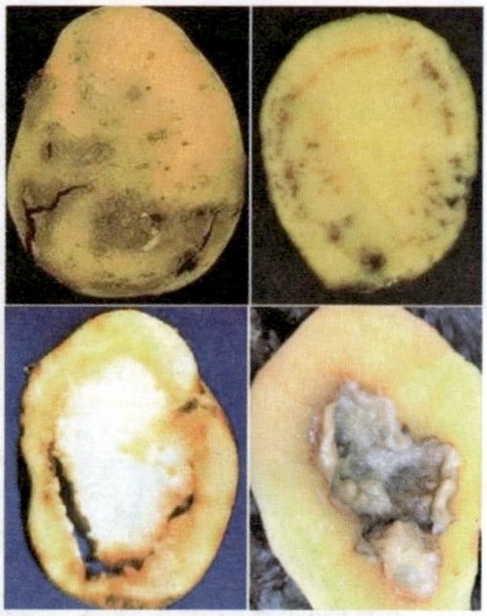

马铃薯环腐病：病薯表面芽眼变黑，横切面维管束变褐，后期环内腐烂

8. 番茄溃疡病

染病植株初期下部叶片凋萎或卷缩，似缺水状，一侧或部分小叶凋萎；叶片上病斑近圆形至不规则形，褐色，中央灰白色，外缘有黄晕；果实产生“鸟眼状”病斑，中央黑褐色，外围有灰白色晕圈。病茎略变粗，生出许多瘤状突起或不定根，维管束变褐色，后期髓部变黑中空，根系变褐腐烂，全株枯死，上部顶叶呈青枯状。

番茄溃疡病田间症状：露地栽培（左），设施栽培（右）

番茄溃疡病症状：茎上瘤突（左），维管束变褐（中），果上“鸟眼斑”（右上），叶片斑枯和细菌菌落（右下）

病原：密执安棒形杆菌密执安亚种（*Clavibacter michiganense* subsp. *michiganense*）。

发病规律

病菌存活于带病种子、种薯或病残体。病薯、病种子播种后病菌沿维管束进入植株茎部，引起地上部发病。田间随雨水、灌水、农具和农事操作传播，通过伤口和自然孔口侵染。连作菜地、低洼积水菜地发病较重。

防控要点

加强检疫杜绝菌源：严禁从疫区调运种子、种薯，不从病田选留种子、种薯。

繁育无病健康种苗：①建立无病留种田。②培育无病苗。马铃薯可采用组织培养技术繁殖无病试管苗或选用健康小薯整薯播种；茄科蔬菜应选用无病土育苗或营养袋育苗。③种子消毒。薯种和姜种注意把好选种、消毒、晒种三道关：下种前选择色泽新鲜、无虫无病无霉、结实健康的薯种姜种；发芽前先用干净水洗去表面的泥土，然后用三氯异氰脲酸 800~1000 倍液浸种 3~4 小时；消毒后的薯种和姜种晾晒 2~3 天后可播种。

重视保健栽培管理：①实行轮作。与非寄主作物（十字花科、瓜类、葱蒜类和禾本科作物）进行轮作，也可以进行水旱轮作。②高畦栽培，做好田间排水。③施足基肥，生长期追施氮、钾肥。④田园卫生。收获后及时清除病残株，集中烧毁。

科学用药适时防治：定植后或发病初期用农用链霉素 72% 可溶性粉剂 4000 倍液，或氢氧化铜 77% 可湿性粉剂 400~500 倍液，或二氯异氰脲酸钠 20% 可溶性粉剂 300 倍液浇灌，每 7~10 天 1 次，连灌 2~3 次。

（三）根腐线虫病

根腐线虫能侵害各类蔬菜，线虫寄生于蔬菜根部，在根上形成褐色条状伤痕，严重为害时导致作物根皮层大面积变黑腐烂。病株矮小、叶片黄化、生长不良甚至枯萎死亡。

茎线虫主要为害蔬菜的地下块茎、鳞茎、块根和地生果实，引起植物组织发生坏死、腐烂、植株矮化、变色和畸形。重要的病害有马铃薯茎线虫病、花生茎线虫病、葱蒜类蔬菜茎线虫病。

病例

1. 芋根腐线虫病

病株矮小、长势衰弱，叶片沿叶缘向内变黄焦枯，最后整叶卷曲枯萎，叶柄随之萎垂。根表面形成红褐色伤痕，后期连接成大斑痕环绕根部导致根腐。球茎变黑腐烂，横切面可观察到从皮层开始变褐并向内部扩展。重病芋株根系稀少、球茎腐烂，病株容易拔出。

芋根腐线虫病：植株矮小，叶片焦枯

芋根腐线虫病：叶柄软化，植株萎蔫

芋根腐线虫病：球茎表皮变黑腐烂（左），根表皮和褐色条状伤痕（中），根组织内的线虫（右）

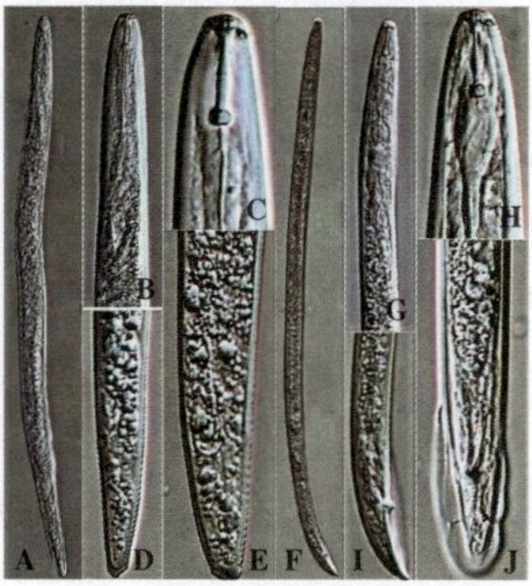

咖啡根腐线虫

雌虫：A. 整体；B. 体前部；C. 头部；D、E. 尾部；雄虫：F. 整体；G. 体前部；H. 头部；I. 尾侧面观；J. 尾腹面观病原：咖啡根腐线虫（*Pratylenchus coffeae*）。

2. 山药根腐线虫病

受害块茎上形成淡褐色、近圆形或不规则凹陷的小斑点。表皮病斑密集时相互愈合形成大片褐色斑块，表皮龟裂。受害严重的块茎短小，分叉畸形。薯蓣横切面显示薯块外层皮层组织褐色腐烂，坏死组织由外至内扩展，可深入至薯块中心组织，导致大面积组织腐烂。

病原：咖啡根腐线虫（*Pratylenchus coffeae*）。

毛山药根腐线虫病症状

A. 块茎表皮变黑腐烂；B. 块茎畸形；C. 薯肉组织变褐腐烂；D. 腐烂组织中的线虫

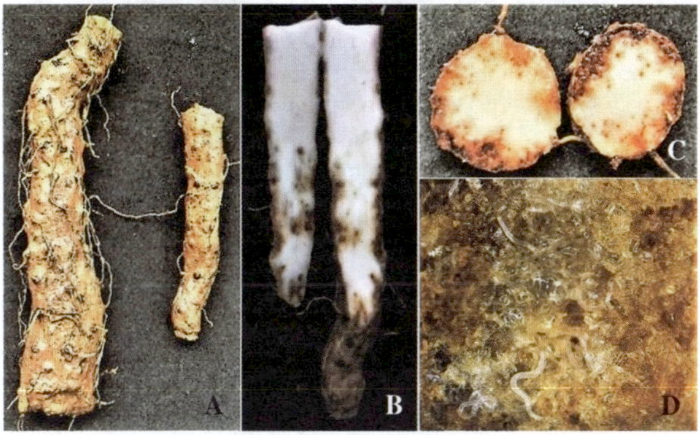

铁棍山药根腐线虫病症状

A. 块茎表皮产生褐色小斑点；B. 块茎纵剖面可见褐色点状腐烂；C. 块茎横切面皮下薯肉变褐腐烂；D. 腐烂组织中的线虫

3. 大豆根腐线虫病

病根萎缩，须根少，固氮根瘤形成少；根表有黑色坏死伤痕或成段变褐腐烂。地上部植株生长不良，褪绿、矮化，荚果少而小。

病原：穿刺根腐线虫（*Pratylenchus penetrans*），短尾根腐线虫（*P. brachyurus*）。

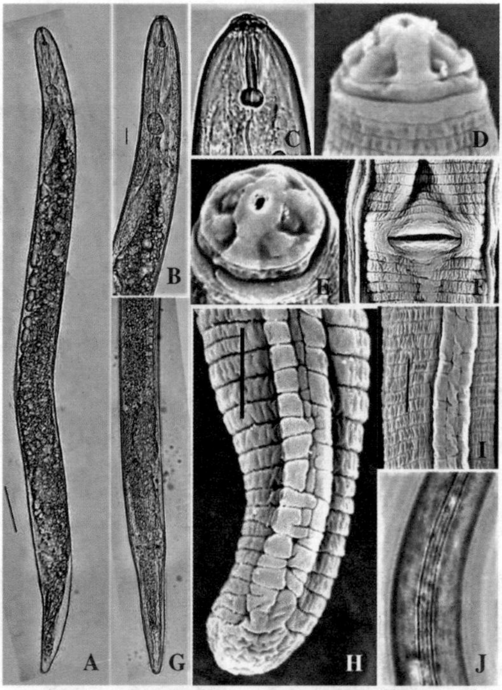

短尾根腐线虫雌虫的形态特征

A. 整体; B. 体前部; C. 头部及口针; D. 头部侧面; E. 头部正面; F. 阴门; G. 尾部、阴门及卵巢; H. 尾部及侧带; I、J. 虫体中部侧带

4. 花生根腐线虫病

该线虫可侵染花生的根、果针、果荚及种皮。受害花生的根系变黑腐烂、固氮菌及结荚数明显减少，植株黄化矮小。受害后的荚果颜色暗淡，果面上出现近圆形至不规则形的褐色斑块，而后病斑逐渐变大或愈合成块，

形成紫褐色至黑色斑块，病健交界处清晰。花生果仁种皮皱缩或开裂，导致花生的品质下降。

病原：短尾根腐线虫（*Pratylenchus brachyurus*）和咖啡根腐线虫（*P. coffeae*）。

大豆根腐线虫病植株症状：根腐、矮化、萎蔫

大豆根腐线虫病根部症状：根系萎缩、变褐、腐烂

花生根腐线虫病：病株矮小（上右），果荚有黑色伤斑（下）

花生根腐线虫病：病根（下）和果荚（上左）及病组织中的线虫（上右）

5. 花生茎线虫病

茎线虫侵染花生根、果针、果荚及种皮。受害根变褐色，后转黑色腐烂。花生果荚受害形成黑色坏死斑块，果荚色泽暗淡，无光泽。染病花生种子小，种皮皱缩。线虫也侵染根茎组织，引起根茎变黑。受侵染的花生植株长势差，矮小、黄化，后期萎蔫和枯死。病株结荚少，固氮菌明显减少。

病原：花生茎线虫（*Ditylenchus arachis*）。

花生茎线虫病：病株萎蔫

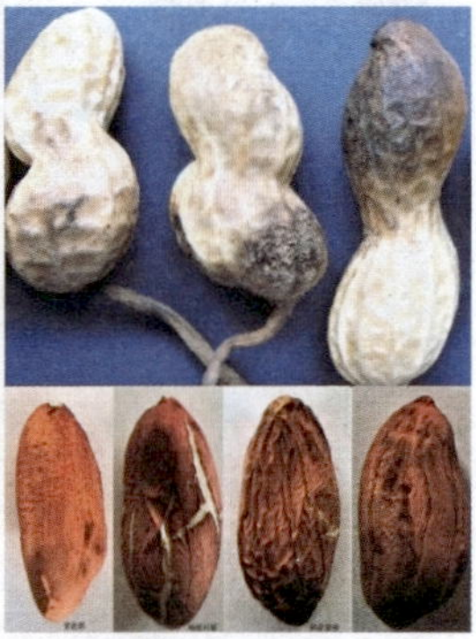

花生茎线虫病的病荚果（上）和病种粒（下）

花生种皮薄壁细胞组织中的花生茎线虫

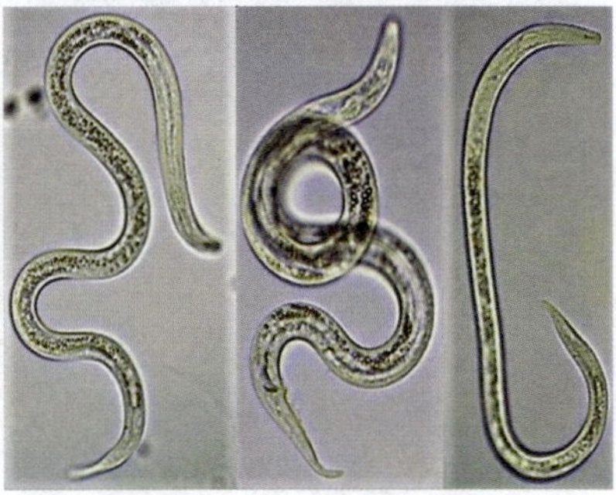

花生茎线虫形态：雌虫（左），雄虫（中），幼虫（右）

发病规律

病原线虫以卵或幼虫存活于病组织内，通过带虫种薯种荚远距离传播，田间可经灌溉水、农具及耕作管理活动等而转移传播。

防控要点

加强检验检疫：调运或购买种薯或种子时要注意检查，严防病害通过带线虫的种薯种苗传入新区。选用无线虫健康种薯、种子育苗或种植。

清除土壤虫源：①发病田收获后及时拔除病死植株，清理病残根。②发生过病害的土壤种植前用氰氨化钙 50% 颗粒剂 48~64 千克 / 亩处理，能有效地防治蔬菜线虫病，还能增加土壤氮钙营养和调节土壤酸碱度，改善土壤性状。

实行生态治理：①重病菜地可实行与水稻、莲藕、茭白等作物进行水旱轮作。②施用腐熟有机肥，增施磷钾肥；在沿海地区可施用虾壳和蟹壳等海产品的废弃物，改善土壤中有益微生物环境和增强植株抗性。

适度药剂防控：重病田在蔬菜种植期和生长期适当施用阿维菌素、噻唑膦、氟吡菌酰胺等杀线虫剂。杀线虫剂的用药量和施药方法，严格按照使用说明书。化学杀线虫剂较适合在瓜类蔬菜和茄果类蔬菜上使用。

CHAPTER Five

五、坏死腐烂病

病原真菌和细菌侵染引起蔬菜组织坏死或腐烂。主要区别：真菌引起的腐烂或坏死，在发病部位会产生霉状物；细菌引起的腐烂和坏死，在发病部位有菌脓或菌溢。

（一）真菌性腐烂病

真菌性腐烂病主要病原菌有镰刀菌（*Fusarium*）、枝孢霉（*Cladosporium*）和蠕孢霉（*Bipolaris*）。镰刀菌腐烂病发生于植物的块根、块茎、果实等多肉组织，引起腐烂并产生白色或粉红色霉层；另 2 种病原菌引起的腐烂组织产生黑色霉层，称为黑腐。

病例

1. 芋干腐病

多发生于收获至贮藏期球茎。病菌从球茎下部的根头侵染，并向球茎上部组织扩展，引起球茎组织大面积腐烂。腐烂部先呈黄色，而后形成白色霉层。腐烂的髓部与皮层分开。

病原：腐皮镰孢（*Fusarium solani*）。

2. 茄果干腐病

主要为果实受害，病菌从果实下部侵染，形成近圆形或椭圆形病斑。病斑中部黑色、边缘黄褐色，病斑环绕果实和沿果实向上扩展，导致果实腐烂和缢缩。腐烂部分产生粉红色霉层。

病原：腐皮镰孢（*Fusarium solani*）。

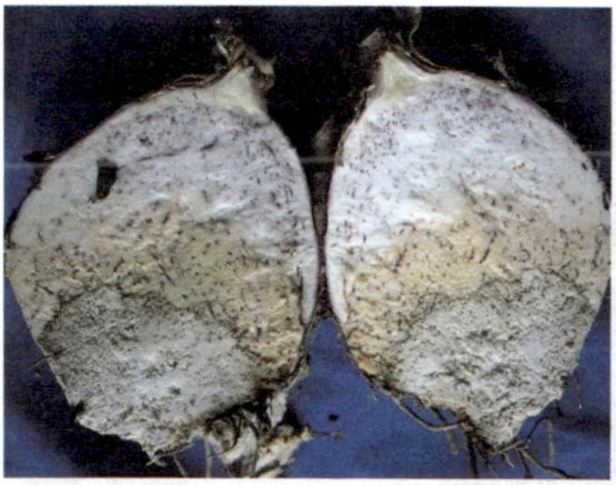

芋干腐病症状

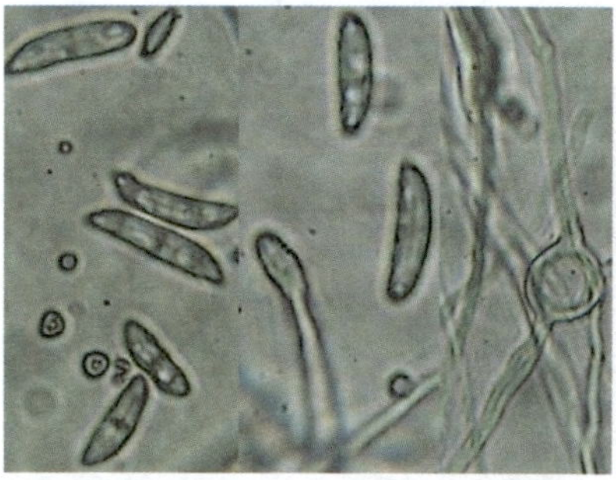

芋腐皮镰孢分生孢子、分生孢子梗、菌丝、厚垣孢子

茄果干腐病症状

3. 辣椒红腐病

为害辣椒（甜椒）果实，受害部位水渍状腐烂，腐烂组织呈椭圆形，初期为黄色，随后腐烂果肉呈红色，表面产生粉红色霉层。严重时腐烂组织脱落形成孔洞。

病原：串珠镰孢（*Fusarium moniliforme*）。

4. 西葫芦红腐病

病菌侵害花和果实。病菌先侵染谢败花器引起腐烂，腐烂花瓣上产生薄层的粉红霉状物。病菌沿腐烂花器向果实扩散，引起果实腐烂。果实腐烂组织表面呈水渍状黄褐色，外围黄色，后期产生灰白色霉层。

病原：串珠镰孢（*Fusarium moniliforme*）。

辣椒红腐病腐烂组织（左）和病组织产生粉红色霉层（右）

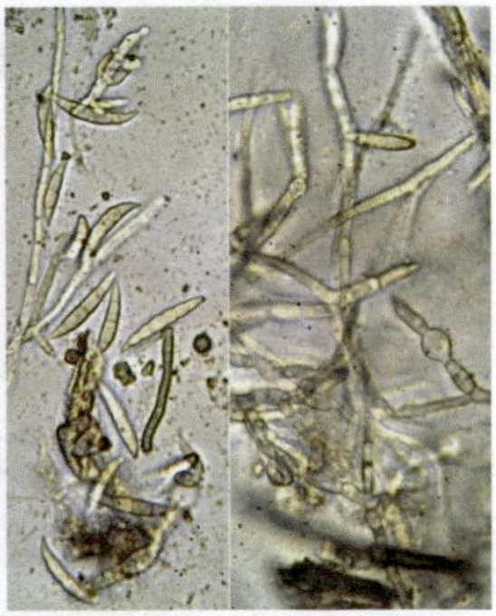

辣椒红腐病菌：菌丝、分生孢子、厚垣孢子

西葫芦红腐病：花和瓜果腐烂

西葫芦红腐病菌：分生孢子梗和分生孢子

5. 南瓜斑腐病

病害发生于瓜果收获期和贮藏期。发病初期在瓜皮上产生圆形向上凸起的小斑点，病斑逐渐扩大、中央开裂形成溃疡状腐烂斑块，病斑边缘有细窄的水渍状褐色线纹，病斑表面产生淡红色至粉红色霉层。

病原：串珠镰孢（*Fusarium moniliforme*）。

6. 辣椒黑腐病

辣椒（甜椒）果实受害，病斑圆形、近圆形或不规则形状，中央凹陷呈白色至淡褐色，边缘隆起呈深褐色，病斑外层组织呈黄色至橙红色。后期病斑上产生煤烟状霉层。

病原：多主枝孢（*Cladosporium herbarum*）。

南瓜斑腐病症状

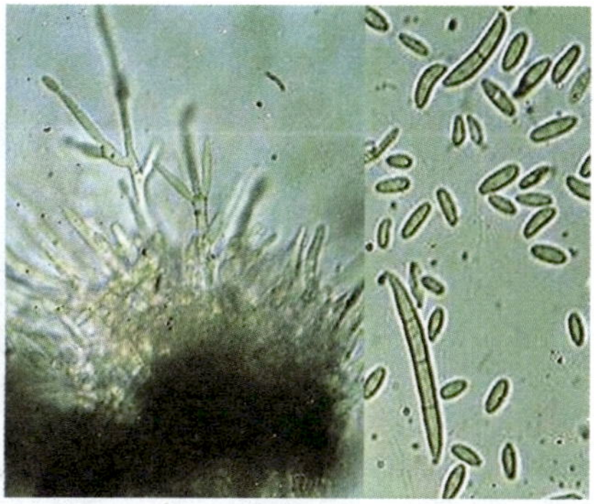

南瓜斑腐病菌：分生孢子梗（左）和大小型分生孢子（右）

辣椒黑腐病症状

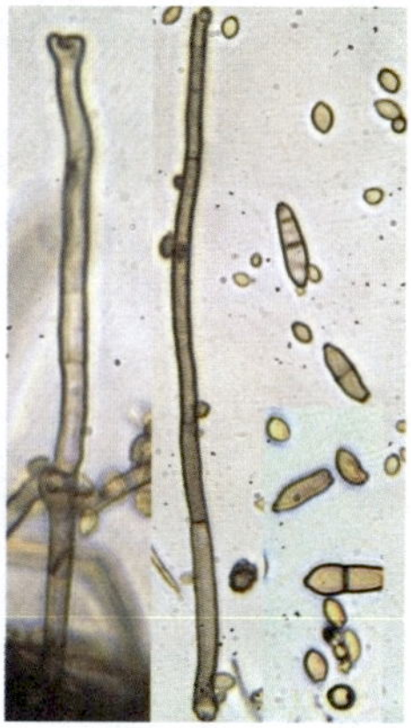

辣椒黑腐病菌：分生孢子梗和分生孢子

7. 西葫芦黑腐病

花和果实受害。病菌侵染花器引起腐烂，腐烂花瓣上产生黑色霉状物。病菌沿腐烂花器向果实扩散，引起果实腐烂。果实腐烂组织表面呈水渍状黄褐色，外围黄色，后期产生黑色霉层。

病原：平脐蠕孢（*Bipolaris* sp.）。

西葫芦黑腐病症状

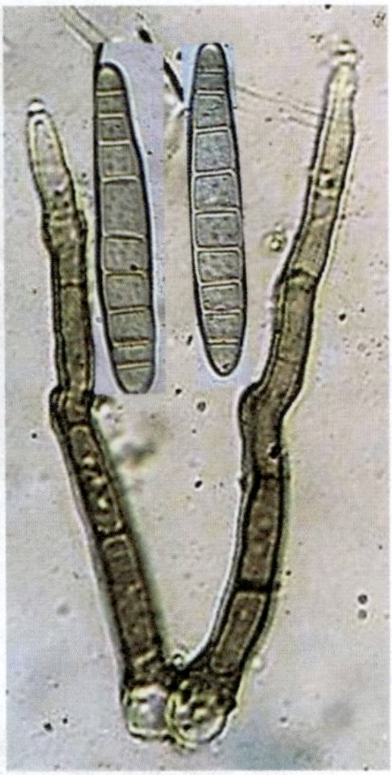

西葫芦黑腐病菌：分生孢子梗和分生孢子

发病规律

引起霉烂病的真菌寄生性较弱，植株生长衰弱、虫害、机械损伤、果实日灼、花器衰败、栽培管理不当等条件下病害易发生。

防控要点

栽培防控：加强肥水管理，注意改善植物间的通风透光条件，重视防控虫害和减少机械损伤。

药剂防治：易感病期（如谢花和果实膨大期、发生果实日灼的菜地）或发病初期选用多菌灵 50% 可湿性粉剂 2000 倍液，或二氯异氰脲酸钠 20% 可溶性粉剂 400 倍液，或苯醚甲环唑 10% 水分散粒剂 1000 倍液喷施。

（二）细菌性软腐病

软腐病发生于植物的多汁或肉质组织，引起水渍状腐烂，并有恶臭味。

病例

1. 白菜软腐病

大白菜外层叶基部产生水渍状黄褐色腐烂，腐烂后外叶平贴地面，心部或叶球外露；重病株叶柄基部或根茎髓心组织完全腐烂，流出黏稠状物，产生恶臭味。

病原：胡萝卜软腐果胶杆菌（*Pectobacterium carotovora*）。

白菜软腐病症状

2. 菜薹软腐病

病害发生于成株期至抽薹期。植株外叶的叶柄基部初呈半透明水渍状，逐渐转为淡褐色软腐，散发出恶臭味。病害沿叶柄基部向根茎扩展，引起植株茎基腐烂导致植株倒伏。

病原：胡萝卜软腐果胶杆菌（*Pectobacterium carotovora*）。

菜薹软腐病症状

3. 花椰菜软腐病

花椰菜的花球、花梗、叶柄以及茎部受害。花球发病初期，小花感染后形成茶黄色腐烂，病组织从周围小花扩展，导致花球成片呈茶色腐烂；根部或茎部感染出现淡黄色至茶黄色的斑块，后期病株腐烂，发出恶臭味。

病原：胡萝卜软腐果胶杆菌（*Pectobacterium carotovora*）。

花椰菜软腐病症状

4. 辣椒软腐病

又称辣椒黑胫病。辣椒全生育期均可发病，为害植株茎基部和果实。植株矮小，萎蔫，叶色褪绿枯黄；茎基部变黑，病组织向上扩展导致下部茎成段变黑腐烂。纵剖茎部可见维管束和髓部变黑色。果实发病初期产生水渍状病斑，病斑迅速扩展导致大面积水渍状腐烂。

病原：胡萝卜软腐果胶杆菌（*Pectobacterium carotovora*）。

辣椒黑胫病全株症状

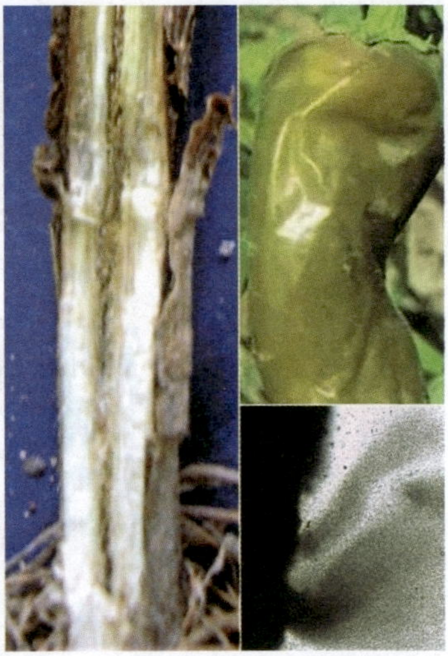

辣椒黑胫病症状：茎皮层腐烂有菌脓（左），果实软腐（右上），病组织有喷菌（右下）

5. 马铃薯软腐病

又称马铃薯黑胫病。马铃薯全生育期均可发病，主要为植株茎基部和块茎受害。植株矮小，萎蔫，叶色褪绿枯黄；茎基部变黑腐烂，纵剖茎部可见维管束和髓部变黑色。

病原：胡萝卜软腐果胶杆菌（*Pectobacterium carotovora*）。

6. 芋软腐病

叶柄基部或地下球茎受害。叶柄基部染病初期形成水浸状暗绿色病斑，病害向叶柄内部组织扩展，导致叶柄变褐腐烂、叶片变黄倒折。球茎染病腐烂，地上部植株枯萎倒伏，病部散发出恶臭味。

病原：胡萝卜软腐果胶杆菌（*Pectobacterium carotovora*）。

马铃薯黑胫病症状：病株茎基变黑、软腐倒伏

芋软腐病症状：病株（左），叶柄软腐倒折（中），叶柄和茎腐烂（右）

7. 黄瓜软腐病

茎基部和藤蔓受害。根茎部受害后茎腐烂萎缩，植株枯死；藤蔓受害后内部组织软腐，表皮破裂流出黄白色菌脓。腐烂组织散发出恶臭味。

病原：胡萝卜软腐果胶杆菌（*Pectobacterium carotovora*）。

黄瓜软腐病症状：茎基部软腐（左），藤蔓开裂和菌脓外溢（右）

发病规律

软腐病菌在田间病株、种株上或随病残体在土壤中存活，田间靠昆虫、雨水及灌溉水传播。前期缺水缺肥，持续高温干旱，后期水肥过多可诱发病害大发生。伤口、自然裂口多，虫害严重的菜地发病重。

防控要点

栽培防病：清除田间病株残体，深耕晒田，高畦种植；增施底肥，及时追肥；采用小水勤灌或喷灌，切忌大水漫灌。有条件的菜地可实行水旱轮作，防治地下害虫减少虫伤。

药剂防治：发病初期可选用二氯异氰脲酸钠 20% 可溶性粉剂 400 倍液，或农用硫酸链霉素 72% 可湿性粉剂 1000 倍液、噻森铜 20% 悬浮剂 300~400 倍液，或中生菌素 33% 可湿性粉剂 600~800 倍液浇淋或喷施。

CHAPTER Six 六、斑点（叶枯）病

病原真菌和细菌侵染蔬菜叶、茎组织，能引起斑点病和叶枯病。主要区别：真菌性斑点病或叶枯病在发病部位会出现霉状物或粒点状物；细菌性斑点和叶枯病在病斑边缘通常有水渍状或油渍状晕圈，病组织切片观察有喷菌现象。

（一）真菌性斑点（叶枯）病

引起斑点病的重要病原真菌有炭疽菌（*Colletotrichum*）、链格孢（*Alternaria*）、尾孢（*Cercospora*）、壳二孢（*Ascochyta*）。这些真菌侵染植物引起斑点病，有时多数病斑相互愈合形成叶枯。

炭疽菌（*Colletotrichum*）引起的病害通称炭疽病。炭疽病的病斑通常为近圆形、椭圆形或不规则形，中间淡褐色、凹陷，边缘褐色；病斑上有轮纹状排列的小黑点（分生孢子盘），潮湿时产生粉红色黏稠物。

链格孢（*Alternaria*）引起的病害称早疫病、黑斑病或褐斑病，病斑颜色以黑色居多，病斑上有黑色霉点或霉层（分生孢子梗和分生孢子）。

尾孢（*Cercospora*）引起的病害称叶斑病、褐斑病，斑点颜色以褐色、暗灰色居多，病斑上有黑色霉点或霉层（分生孢子梗和分生孢子）。

球壳孢目（Sphaeropsidales）真菌引起的病害称叶斑病、褐斑病、灰斑病等。斑点颜色以褐色居多，也有灰色、黑色，形状有圆形、近圆形，病斑上有小黑点（分生孢子器）。

病例

1. 炭疽病

（1）白菜炭疽病

病斑产生于叶片、叶柄和叶脉部。病叶上病斑初期为水渍状白色圆斑，逐渐变成中心凹陷并呈薄纸状的灰褐色圆斑，病斑易破碎穿孔，叶柄、中脉和叶脉上有褐色条状凹陷斑，潮湿时分泌红色黏稠物。

病原：芸薹炭疽菌（*Colletotrichum higgisianum*）。

白菜炭疽病叶面病斑

白菜炭疽病叶脉、叶柄病斑

芸薹炭疽菌分生孢子盘和分生孢子

（2）辣椒（甜椒）炭疽病

此病主要为果实受害，叶片、果梗和茎秆也会受害。果实上病斑呈水渍状黄褐色圆斑，边缘褐色；后期病斑中央形成隆起的同心轮纹，轮纹由许多小点集成，小点黑色或肉色。潮湿时，病斑表面溢出红色黏稠物。叶片上病斑初期呈水渍状斑点，后转变为褐色、中央淡灰色、边缘褐色的圆形或近圆形斑，病斑中央轮生小点。果梗和茎秆受害，产生褐色不规则形的凹陷斑，上生小点。

病原：辣椒炭疽菌（*Colletotrichum capsici*）、胶孢炭疽菌（*C. gloeosporioides*）。

辣椒炭疽病症状：腐烂（左），炭疽斑（右）

辣椒炭疽病病斑形状：近椭圆形（左），不规则形（右）

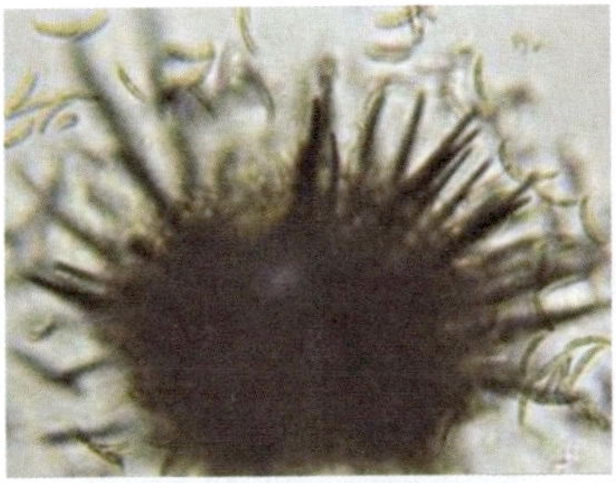

辣椒炭疽菌分生孢子盘和分生孢子

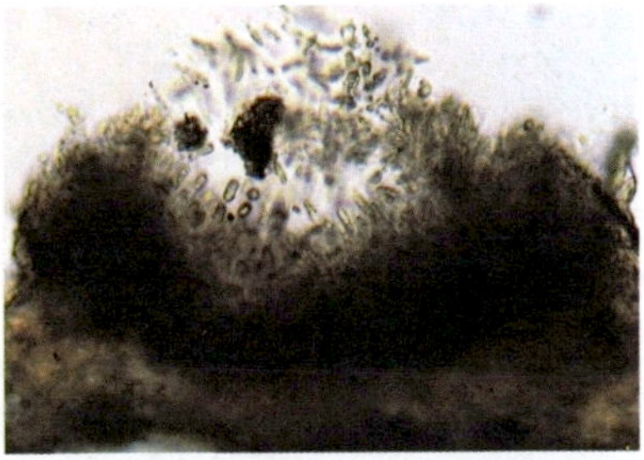

胶孢炭疽菌分生孢子盘和分生孢子

（3）山药炭疽病

叶片、茎蔓和块茎均可发病。叶片病斑从叶尖和叶缘向叶内扩展，病斑黑色、边缘黄色。茎蔓通常先从与块茎连接处开始发病，病斑初呈褐色，后转为黑色稍凹陷，表面密布小黑点（分生孢子盘）；病害沿茎蔓自下而上蔓延，受害茎蔓变黑枯死；与块茎拐头连接的茎蔓发病严重时，表皮变黑腐烂，导致整条茎蔓枯死。块茎病斑圆形至椭圆形、凹陷，数个病斑连成大片黑斑。重病植株块茎短小，表皮粗糙，质地僵硬，无食用价值。

病原：辣椒炭疽菌（*Colletotrichum capsici*）、胶孢炭疽菌（*C. gloeosporioides*）。

山药炭疽病叶片、茎蔓和薯块发病症状

山药炭疽菌分生孢子盘和分生孢子

（4）瓜（黄瓜、南瓜、苦瓜）炭疽病

叶片、藤蔓和果实均可受害。叶片上的病斑近圆形，初为水渍状，干枯后呈黑褐色，边缘有黄色晕圈。果实上初期为近圆形淡绿色水渍状斑点，扩大后呈褐色至紫色，轮生黑色小点；后期病斑常数个愈合，形成不规则形的大斑块。潮湿时病斑上产生粉红色黏稠状物质。

病原：瓜类炭疽菌（*Colletotrichum orbiculare*）。

黄瓜炭疽病病叶症状

黄瓜炭疽病病瓜症状

南瓜炭疽病症状：不同时期的病斑形态

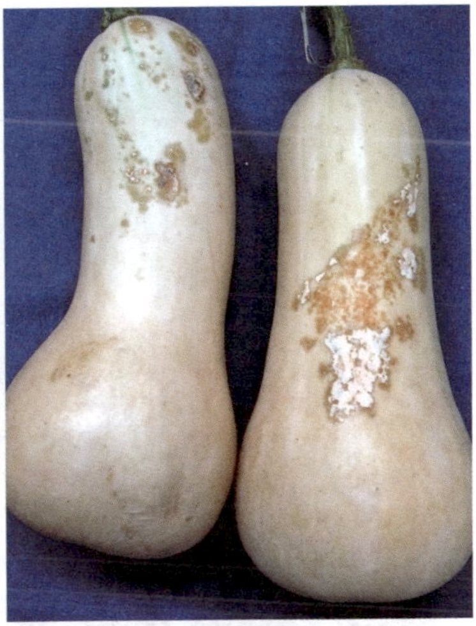

小南瓜炭疽病症状

苦瓜炭疽病病叶症状

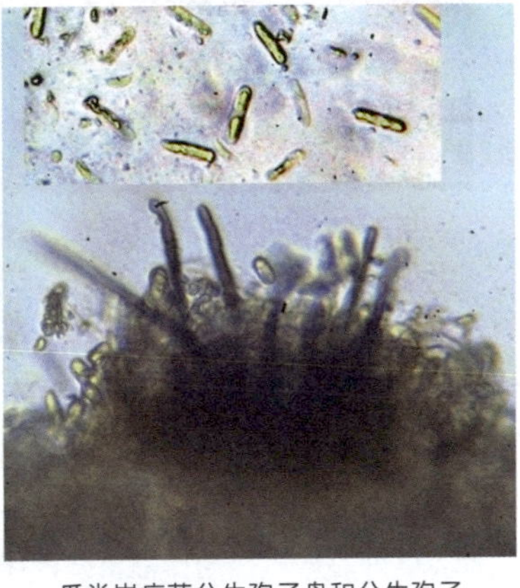

瓜类炭疽菌分生孢子盘和分生孢子

（5）毛豆炭疽病

茎、叶和叶柄、豆荚受害。以茎和豆荚受害严重。茎秆上的病斑初为红褐色、椭圆形，后变为褐色至灰褐色，病斑上密生小黑点。病荚上初生褐色、不规则病斑，病斑扩大后呈圆形或近圆形，病斑具轮状排列的小黑点。

病原：豆类炭疽菌（*Colletotrichum truncatum*）。

（6）豇豆炭疽病

病害苗期和成株期均可发生，主要为茎秆受害。病斑呈梭形、长条形或不规则形，红褐色，稍凹陷，病斑上密生小黑点（分生孢子盘）。数个病斑相互连接成大斑，引起茎组织腐烂、变黑和缢缩。病株生长停滞，严重时死亡。

病原：豆类炭疽菌（*Colletotrichum truncatum*）。

毛豆炭疽病症状及病菌分生孢子盘、分生孢子

豇豆炭疽病茎秆症状及病菌分生孢子盘、分生孢子

（7）花生炭疽病

叶片、叶柄和茎秆均会受害，以叶片为主。植株下部叶片发病较多，先从叶缘或叶尖发病。叶尖发生的病斑沿主脉扩展呈楔形、长椭圆或不规则形；从叶缘发生的病斑呈半圆形或长半圆形，病斑褐色或暗褐色，有不明显轮纹，边缘黄褐色，病斑上着生许多不明显小黑点。

病原：黑线炭疽菌（*Colletotrichum dematium*）、菜豆炭疽菌（*C. lindemuthianum*）。

（8）葱炭疽病

病害主要为叶片和叶鞘受害。叶片发病先形成椭圆形至纺锤形病斑，病斑灰白色，后期病部腐烂，其上密生小黑点，病斑上部叶片枯死。叶鞘形成灰白色病斑、变白腐烂，上生蜜黄色黏稠物（分生孢子），上部叶片枯萎。

病原：葱炭疽菌（*Colletotrichum circinans*）。

花生炭疽病病斑

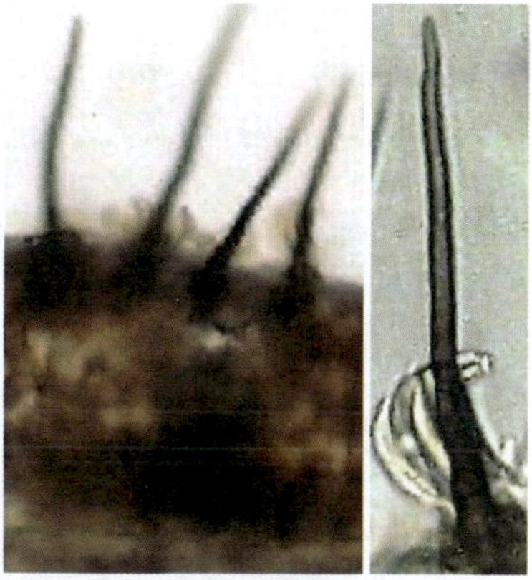

花生炭疽菌分生孢子盘（左），分生孢子和刚毛（右）

葱炭疽病症状和病菌分生孢子盘

（9）芋炭疽病

叶片受害，严重时叶柄和球茎也会受害。叶片染病，病斑初呈水渍状暗绿色、圆形或不定型，后渐变为近圆形、黄褐色至暗褐色，四周具黄色晕环。湿度大时，病斑上出现黑色小点或朱红色小液点。干燥时，病斑干缩、易破裂或部分脱落形成穿孔。

病原：辣椒炭疽菌（*Colletotrichum capsici*）。

芋炭疽病病叶症状：斑点和穿孔（左），病斑形态（右上），病斑产生液滴（右下）

2. 早疫病

（1）马铃薯早疫病

主要发生在叶片上，也可侵染块茎。叶片病斑黑褐色，圆形或近圆形，具同心轮纹，湿度大时，病斑上生出黑色霉层；病重叶片干枯脱落。块茎上产生暗褐色稍凹陷圆形或近圆形病斑，边缘分明，皮下呈浅褐色海绵状干腐。

病原：茄链格孢（*Alternaria solani*）。

马铃薯早疫病症状

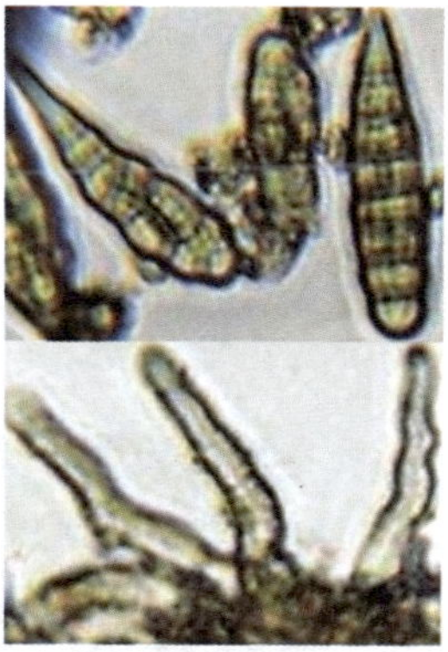

马铃薯早疫病菌分生孢子梗和分生孢子

（2）番茄早疫病

番茄全生长期都可以发病，叶、茎、果实受害。叶片发病初期病斑呈水渍状暗褐色或黑色、圆形至椭圆形，病斑逐渐扩大后中部灰褐色，有突起同心轮纹，边缘深褐色，外围有黄色晕圈；潮湿时病斑上有黑霉。茎部病害多数从分枝处发生，病斑椭圆形、稍凹陷、有深褐色的同心轮纹，潮湿时病斑表面生灰黑色霉。果实病害多发生在果蒂附近和有裂缝处，病部凹陷呈褐色或黑色、具同心轮纹，病斑上生有黑霉。

病原：茄链格孢（*Alternaria solani*）。

番茄苗早疫病

番茄早疫病：病叶、病枝条和病果症状

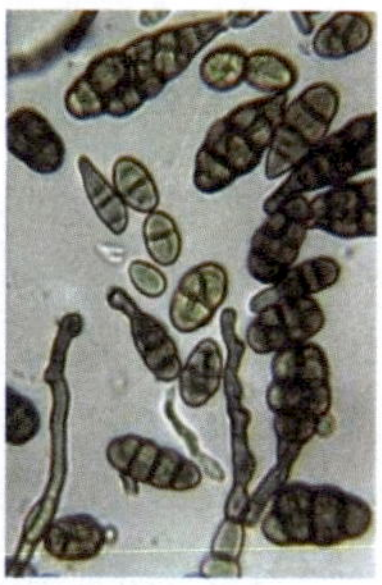

番茄早疫病菌分生孢子梗和分生孢子

（3）茄早疫病

果实受害，病害从果尖部开始，初呈深褐色或黑色圆斑，后扩大为圆形或椭圆形、凹陷，上生厚实的黑色霉层。病斑继续扩大和数个病斑连接后引起成段果实干腐和缢缩，上生厚实的黑色霉层。

病原：茄链格孢（*Alternaria solani*）。

茄早疫病症状

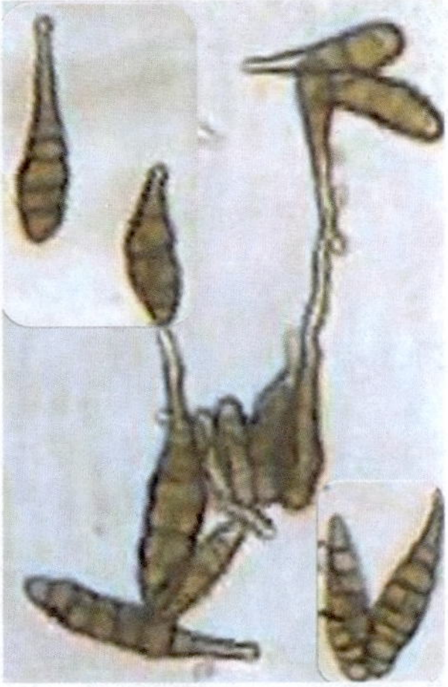

茄早疫病菌分生孢子

3. 链格孢（匍柄孢）斑点病

（1）甘蓝黑斑病

叶片、叶柄和花梗均可受害。叶片多从外层叶开始发病，初为灰褐色或灰白色圆形病斑，病斑逐渐扩大后出现轮纹状排列的浓密黑霉。茎和叶柄受害，病斑呈纵条状，上面生黑色霉状物。

病原：芸薹生链格孢（*Alternaria brassicola*）。

（2）包菜黑斑病

主要为害叶片和叶柄。多从外层球叶或近地面叶片开始发病，初期产生黑褐色小斑点，逐渐扩展为直径 5~30 毫米的灰褐色圆形病斑。病斑有轮纹，湿度大时病斑上有较致密的黑霉。发病重时，叶片上病斑常连成大斑，引致叶片变黄早枯。叶柄上病斑为条形，产生黑霉。

病原：芸薹生链格孢（*Alternaria brassicola*）。

包菜黑斑病症状

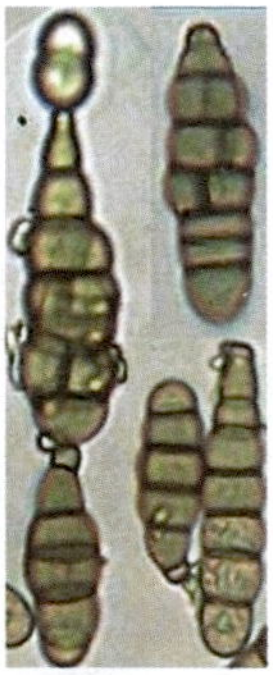

芸薹生链格孢分生孢子（串生）

（3）白菜褐斑病

叶片、叶柄、花梗和种荚均可受害。叶片多从外叶产生病斑，病斑呈淡褐色或褐色，圆形或近圆形，中部有同心轮纹排列的黑霉，外围有黄色晕圈；后期病斑脆裂形成穿孔。叶柄上病斑梭形，暗褐色，有黑霉。

病原：芸薹链格孢（*Alternaria brassicae*）。

白菜褐斑病：叶面和叶背症状

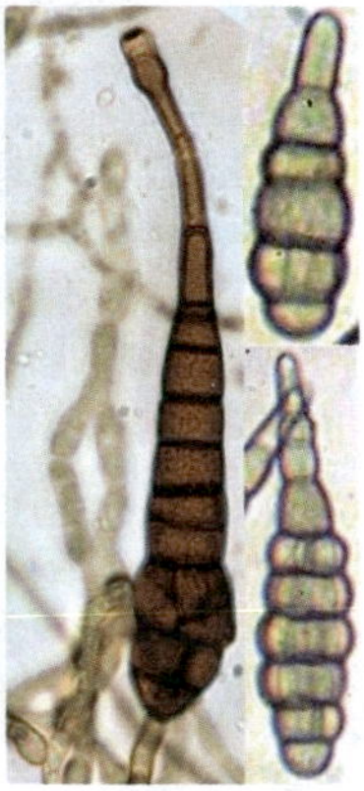

白菜褐斑病菌：芸薹链格孢分生孢子

（4）芋黑斑病

黑斑病为芋的常见病害，主要为叶片受害。病斑可产生于叶面和叶缘，叶面上病斑初期为淡黄色坏死小点，逐渐扩大为圆形至椭圆形呈褐色、具同心轮纹、外缘具黄色晕圈，后期病斑上形成黑色霉层，病斑破裂形成穿孔；叶缘上病斑呈半圆形或V形、褐色、具轮纹，上生黑色霉层，后期病斑破裂使叶片边缘形成缺刻。

病原：细链格孢（*Alternaria tenuis*）。

芋黑斑病：田间症状（左），斑点形状（右上），细链格孢分生孢子梗和分生孢子（右下）

（5）大蒜叶枯病

主要为叶片受害。病斑从叶尖开始发生，初呈灰白色小圆点，扩大后呈不规则形或椭圆形、灰色或灰褐色病斑，其上生出黑色霉状物，严重时病叶枯死。

病原：葱链格孢（*Alternaria porri*）。

（6）葱叶枯病

主要叶片受害。常从叶尖或叶中部发生，病斑初为白色、稍凹陷、中央微紫色，扩大后病斑呈椭圆形或纺锤形，黑色。湿度大时，病斑上产生轮纹状排列的褐色至黑色霉状物。多数病斑愈合形成长条状大斑，致使叶片枯死。

病原：葱链格孢（*Alternaria porri*）。

大蒜叶枯病田间症状和链格孢分生孢子

葱叶枯病田间症状和链格孢分生孢子

（7）葱紫斑病

葱叶叶尖部开始发病，病斑近圆形或不规则，紫红色至灰褐色，有灰褐霉层。严重危害引起叶枯。

病原：葡状匍柄霉（*Stemphylium botryosum*）。

（8）大蒜紫斑病

病菌侵染叶片和叶鞘，形成椭圆形病斑，病斑前期呈紫红色，后转为黑色，病斑上产生黑色轮状排列的霉层，叶片枯萎。

病原：葡状匍柄霉（*Stemphylium botryosum*）。

葱紫斑病：叶枯症状和匍柄孢分生孢子

大蒜紫斑病：斑点形状（左），鳞球茎斑点和霉层（右下），匍柄孢分生孢子（右上）

（9）番茄褐斑病（脐腐病）

发生于植株生长中后期，尤其是表现缺钙的植株更易受害，病菌侵害叶片和果实。叶片表现为硬化、皱缩，病斑多角形或不规则，褐色或暗褐色；果实在脐部形成水浸状、褐色、凹陷的病斑，病斑上产生黑色霉状物。

病原：茄匍柄霉（*Stemphylium solani*）。

番茄褐斑病：病叶（左），病果脐腐（右上），匍柄孢分生孢子和分生孢子梗（右下）

4. 尾孢斑点病

（1）莴苣褐斑病

病害从植株基部叶片和外层叶片开始发生，病斑近圆形或不规则形，中央灰白色、边缘褐色，后期病斑破裂形成穿孔。

病原：菊尾孢（*Cercospora chrysanthemi*）。

莴苣褐斑病叶片正反面症状

莴苣褐斑病症状：外层脚叶发病

（2）芹菜疫病

又称叶斑病、斑枯病、叶枯病。芹菜叶、叶柄、茎均可染病。叶上病斑多散生，圆形，褐色或深褐色，边缘黄色，病斑稍隆起。叶柄和茎上病斑为褐色条斑，稍凹陷，高温高湿时病斑上产生灰白色霉层。

病原：芹菜尾孢（*Cercospora apii*）。

（3）豇豆褐斑病

又称煤霉病，叶片、茎蔓及荚均可发病。叶面产生红色或紫褐色小斑点，扩大后呈近圆形褐斑，边缘不明显，病斑背面出现黑色霉层，病害严重时造成植株早期落叶。

病原：豇豆尾孢（*Cercospora vignae*）。

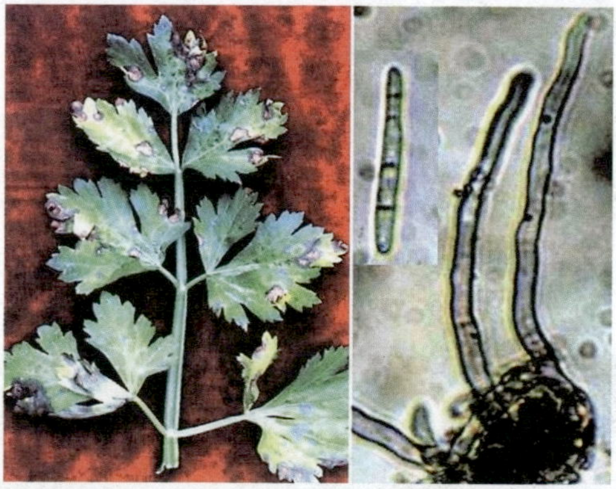

芹菜疫病症状（左）和尾孢分生孢子及分生孢子梗（右）

豇豆褐斑病症状及豇豆尾孢分生孢子梗和分生孢子

（4）毛豆灰斑病

又称蛙眼病。受害叶片初期出现红褐色小斑点，渐扩展成近圆形或不规则形、边缘红褐色、中央灰白色的病斑；后期病斑中部褪色，周围有黄色晕圈。

病原：大豆尾孢（*Cercospora sojina*）。

毛豆灰斑病症状和病斑形状

（5）花生褐斑病

叶片上病斑初期呈黄褐色或铁锈色小点，逐渐扩大形成圆形或不规则形；病斑正面深褐色，背面褐色或淡褐色，周围有黄晕；后期病斑上产生灰色霉层。发生严重时，多个病斑愈合成大斑块，引起叶片干枯脱落。

病原：花生尾孢（*Cercospora arachidicola*）。

花生褐斑病：叶面和叶背病斑形状及尾孢分生孢子梗和分生孢子

（6）花生黑斑病

一般在花期后发生。发病初期叶片产生黄褐色或铁锈色小斑点，后期病斑扩大为圆形，正反面均呈黑褐色，病斑背面形成同心轮纹，在潮湿情况下病斑上产生灰褐色霉状物。发病严重时病斑密集愈合，引起叶片卷缩、枯死脱落。

病原：球座尾孢（*Cercospora personata*）。

花生黑斑病症状及尾孢分生孢子梗和分生孢子

（7）茄斑点病

茄果受害，果面上产生暗褐色小斑。病斑圆形或椭圆形，中央灰褐色、边缘紫黑色，表面产生灰褐色霉层。

病原：茄尾孢（*Cercospora melongenae*）。

茄斑点病症状

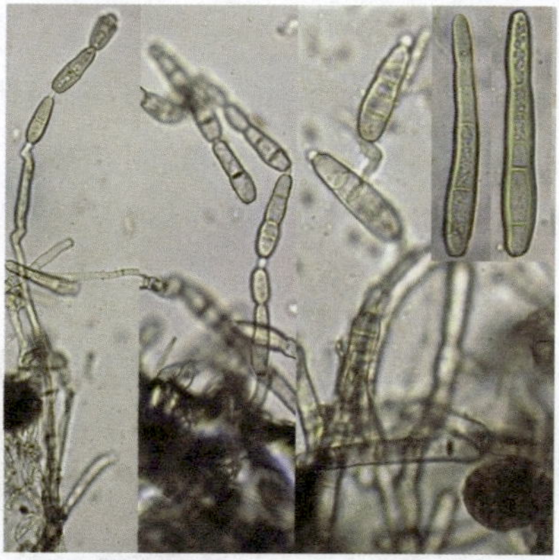

茄尾孢分生孢子（串生）和分生孢子梗

（8）菜豆角斑病

菜豆的叶片和果荚受害。叶片上病斑多角形，黄褐色至黑褐色，病斑背面产生点状黑色霉层。

病原：灰褐柱丝霉（*Phaeoisariopsis griseola*）。

菜豆角斑病症状

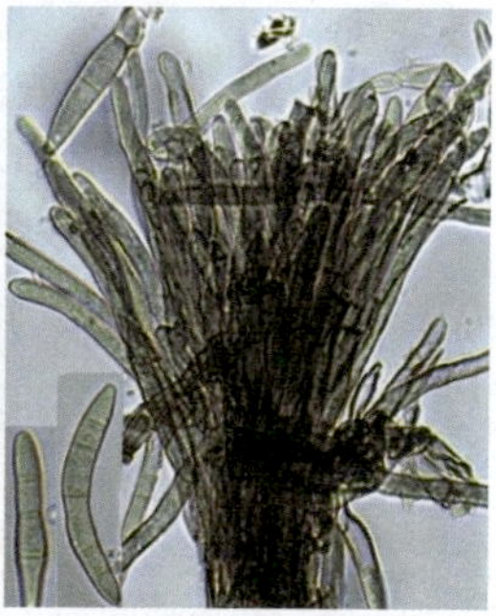

灰褐柱丝孢分生孢子和孢梗束

5. 球壳孢斑点病

（1）豌豆褐斑病

叶片、茎蔓、豆荚均可受害。叶片产生圆形、淡褐色至黑褐色病斑，病斑上有小黑点。茎蔓和豆荚病斑褐色至黑褐色、纺锤形或椭圆形、稍凹陷。

病原：豌豆壳二孢（*Ascochyta pisi*）。

（2）花生叶斑病

叶片受害，病斑初期为黄色小点，逐渐扩大后形成近圆形或不规则形，病斑中部淡黄色，边缘深褐色，周围有黄色晕圈，后期病斑上产生小黑点。

病原：花生壳二孢（*Ascochyta arachidis*）。

豌豆褐斑病和壳二孢分生孢子器

花生云纹叶斑病症状及壳二孢分生孢子器

（3）花生疮痂病

叶片、叶柄和茎受害。叶片上病斑圆形至不规则形，边缘稍隆起，中间凹陷，病斑正面黄褐色，背面为淡红褐色，具褐色边缘。叶柄和茎部病斑卵圆形，隆起，多数病斑愈合后，引起叶柄及茎扭曲。

病原：花生痂圆孢（*Sphaceloma arachidis*）。

（4）姜叶斑病（白星病）

主要为叶片受害。病斑黄白色，梭形或长圆形；病斑中部变薄，易破裂或穿孔。

病原：姜叶点霉（*Phyllosticta zingiberi*）。

花生疮痂病症状及病原分生孢子盘

姜叶斑病植株（左）和病叶（右）

（5）蕹菜轮斑病

蕹菜轮斑病症状

主要为蕹菜叶片和叶柄受害，嫩茎偶受侵染。叶片受害初生褐色小斑点，扩大后成为圆形、近圆形或不规则形病斑，黄褐色至红褐色，具同轮纹，后期在病斑上产生稀疏黑色小粒点（分生孢子器），病斑易脱落穿孔。叶片上病斑数量较多时，病斑可相互愈合成为较大的斑块，导致病叶片变黄、干枯，甚至卷缩。叶柄和嫩茎发病，形成长椭圆形病斑，略凹陷，易从病斑部折倒。

病原：蕹菜叶点霉（*Phyllosticta ipomoeaereplants*）。

（6）山葵黑心病

山葵的叶、叶柄、花梗、果荚、根茎和须根均可受害。叶片病斑初期为黑色小斑点，病斑逐渐扩大呈圆形或近圆形黑斑，中间有褐色小粒点，边缘有黄色晕圈；发生严重时，叶片焦枯死亡。叶柄上病斑呈线状并有褐色小粒点，病斑扩大并导致叶柄内维管束褐化，呈黑腐状脱落。花梗和果荚病斑呈椭圆形，黑色，凹陷；根茎、须根被害时，表皮呈不规则黑色病斑，用刀剖开检查，发现内部维管束呈延伸性黑化，严重影响山葵品质。

病原：山葵茎点霉（*Phoma wasabiae*）。

山葵黑心病病株、病叶、病茎和分生孢子器

发病规律

真菌性斑点病的病原菌以分生孢子或菌丝在病残体上存活，分生孢子借风、雨传播，从气孔、皮孔、伤口或表皮侵入，适温高湿有利病害发生和流行。田间有多次再侵染。病菌易侵染老叶片和衰弱的组织，瘠薄地块及肥力不足、连作菜地、植株生长衰弱的菜田病害严重。

防控要点

使用健康种苗：从无病植株、健康果实内采留种子，培育健壮菜苗。

实行健身栽培：采用高畦栽培，注意清沟排水，雨后及时排水，降低田间湿度，培育健壮根系；施足基肥、增施有机肥和磷钾肥，培育健壮植株；随时清除枯枝、败叶、残花、弱果，保持植株健壮；合理密植，保持良好的通风透光条件。

适时喷药保护：要重视选择施药适期。防治叶、茎病害应在病害初现期，保果应在谢花 2/3 时，幼果（荚）形成期开始施药。可选用吡唑醚菌酯 250 克 / 升乳油 1000~2000 倍液、腈菌唑 40% 可湿性粉剂 6000~8000

倍液，或咪鲜胺锰盐 50% 可湿性粉剂 2000 倍液喷施，隔 7~10 天喷 1 次，共喷 2~3 次。

（二）细菌性斑点（叶枯）病

细菌性斑点类病害包括疮痂病、斑疹病和叶斑病。疮痂病在叶、茎部产生木质化、粗糙的病斑；细菌性斑点通常在病斑周围有水渍状或油渍状，有的具黄色晕圈，病斑的形态是诊断病害的依据之一。

病例

1. 花椰菜、白菜黑腐病

成熟期发病重，叶片和花球受害。叶片上多从叶缘向内扩散，形成“V”形黄褐色病斑，病斑边缘有黄色晕圈；花球内起初个别小花呈褐色，逐渐转为黑色腐烂，病害继续扩散导致整个花球呈灰黑色干腐状。

病原：油菜黄单胞菌甘蓝黑腐变种（*Xanthomonas campestris* pv. *campestris*）。

白菜、花椰菜黑腐病症状

2. 姜细菌性叶枯病

叶片受害，从叶尖开始沿叶缘形成水渍状褐色病斑，病斑不断扩展形成大面积变褐焦枯。

病原：油菜黄单胞菌生姜叶枯变种（*Xanthomonas campestris* pv. *zingibericola*）。

姜细菌性叶枯病症状

3. 毛豆细菌性斑点病

毛豆细菌性斑点病又称斑疹病。叶片受害后出现黄色水渍状小斑点，随后病斑中部稍隆起形成褐色疱疹，后期病斑形成多角形，边缘有明显黄色晕圈；数个病斑连成大的坏死斑，引起落叶。茎秆和豆荚上也可以形成相似病斑。

病原：油菜黄单胞菌大豆斑疹变种（*Xanthomonas campestris* pv. *glycines*）。

毛豆细菌性斑点病症状

4. 辣椒疮痂病

辣椒疮痂病又称细菌性斑点病。病菌侵染叶、茎，也可侵染果实。起初在植株下部叶片背面产生黄绿色隆起的小斑点，扩大后愈合成圆形或不规则形，边缘暗绿色，水渍状，外围有黄色晕圈。嫩叶病斑水渍状，多沿叶脉发生。茎部被侵染初生水渍状条斑，后变褐色，隆起木质化，纵裂呈疮痂斑。果实病斑褐色圆形，表皮粗糙，开裂呈疮痂状。

病原：油菜黄单胞菌辣椒疮痂变种（*Xanthomonas campestris* pv. *vesicatoria*）。

辣椒疮痂病症状

辣椒疮痂病病斑（正面和背面）

5. 番茄疮痂病

病菌为害叶、茎、果柄和果实。叶片病斑近圆形或连接成不规则形，黄褐色，粗糙不平，病斑周围有褪绿晕圈。茎部和果柄上先出现水浸状褪绿斑点，后上下扩展呈长椭圆形、中央稍凹陷的黑褐色木栓化病斑；果实发病产生黄褐色或黑褐色木栓化、近圆形粗糙枯死斑。

病原：油菜黄单胞菌辣椒疮痂变种（*Xanthomonas campestris* pv. *vesicatoria*）。

6. 黄瓜角斑病

黄瓜全生育期均可发生此病。叶片、叶柄和果实都会受害，以叶片受害重。叶片染病初期形成黄色小斑点，斑点逐渐扩大形成褐色多角形病斑，病斑背面呈明显的水渍状。病斑易破裂和脱落形成穿孔；多个病斑连接成片后，叶片变褐枯死。

病原：丁香假单胞菌黄瓜角斑变种（*Pseudomonas syringae* pv. *lachrymans*）。

番茄疮痂病：病株（左），病枝条（中），病果（右上），病斑形状（右下）

黄瓜角斑病症状：多角形褐色小斑（左上），病斑破裂形成穿孔（左下），病斑背面呈水渍状（右）

7. 番茄细菌性斑点病

番茄细菌性斑点病又称细菌性黑斑病。病菌为害叶、茎、枝条、果柄和果实。叶片通常在叶尖和叶缘产生深褐色或黑色斑点，病斑周围有黄色晕圈；叶面上病斑呈黑色、近圆形，周围有黄色晕圈；数个病斑相连形成大片的枯死斑。主茎上病害从茎基部开始，先产生近圆形、水渍状、深褐色病斑，病斑逐渐扩大和相连形成黑色而边缘不明显的大斑块。枝条上病斑初呈近圆形至长条状、深褐色，逐渐扩大和多个病斑相连形成不规则形黑色斑块。果柄染病后病斑环绕果柄，呈黑色。果实的托叶也受侵染，在托叶的叶尖、叶缘和近叶尖处产生黑色坏死斑。果实染病病斑多形成于果肩部，病斑圆形或近圆形、呈黑色、稍隆起；果实近成熟时，斑点周围的果皮仍呈绿色，果实中央形成木栓化疮痂斑，果实僵硬，无商品价值。

病原：丁香假单胞菌番茄致病变种（*Pseudomonas syringae* pv. *tomato*）。

番茄细菌性斑点病症状：茎部褐斑（左），果皮褐斑（右上A），果蒂果托褐斑（右上B），果梗果蒂褐斑（右下）

8. 辣椒细菌性叶斑病

病菌主要侵害叶片。叶片染病初期产生黄绿色小斑点，以后扩大为黄褐色近圆形或不规则形的病斑，病斑周围有明显的黄色晕圈。病斑密集形成时导致叶枯和落叶。

病原：丁香假单胞菌适生致病变种（*Pseudomonas syringae* pv. *aptata*）。

辣椒细菌性叶斑病：病株（左），病叶（右）

9. 花椰菜细菌性斑点病

花椰菜细菌性斑点病又称花椰菜细菌性黑斑病，成株期为害重。病害先在植株基部叶片或外层叶片发生，叶片背面产生水渍状小斑点，暗绿色；

花椰菜细菌性斑点病症状：花球叶片发病（左上），花球病斑（左下），叶面病斑（右上），病斑背面（右下）

逐渐扩大为深绿色至黑色近圆形坏死斑，病斑中央稍凹陷，外缘有一水渍状暗绿色晕圈。相对的叶面病斑呈灰褐色至暗褐色，近圆形、椭圆形或不规则形，边缘颜色较深，呈水渍状。病斑连片形成坏死斑块，干燥时病斑破碎穿孔，叶片枯死。

病原：菊苣假单胞杆菌（*Pseudomonas cichorii*）。

10. 甘蓝细菌性斑点病

为害叶片，叶片背面产生水渍状小斑点，暗绿色；逐渐扩大为深绿色至黑色近圆形坏死斑，病斑中央稍凹陷、外缘有一水渍状暗绿色晕圈。

病原：菊苣假单胞杆菌（*Pseudomonas cichorii*）。

甘蓝细菌性斑点病症状

11. 蕹菜细菌性叶枯病

细菌性叶枯病是蕹菜的重要病害，为叶片、叶柄和茎秆受害。叶片上病斑初期为黑褐色小圆点，外围形成黄色晕圈，以后扩展为大的不规则形黑色坏死斑；数个病斑连接后形成大片的焦枯斑块，导致叶片枯死。叶柄和茎秆上的病斑与叶片病斑形态相似，茎上多个病斑连接愈合后形成大面积坏死斑块，导致茎秆坏死枯萎。

病原：菊苣假单胞杆菌（*Pseudomonas cichorii*）。

12. 马铃薯疮痂病

该病主要侵染块茎。发病初期在块茎表皮产生浅棕色的小突起，逐渐扩大形成近圆形大斑。病斑组织木栓化，表皮粗糙，边缘隆起，中央凹陷，呈疮痂状。

病原：疮痂链霉菌（*Streptomyces scabies*）。

蕹菜细菌性叶枯病：病株（左），病叶（右上），病茎和细菌菌落（右下）

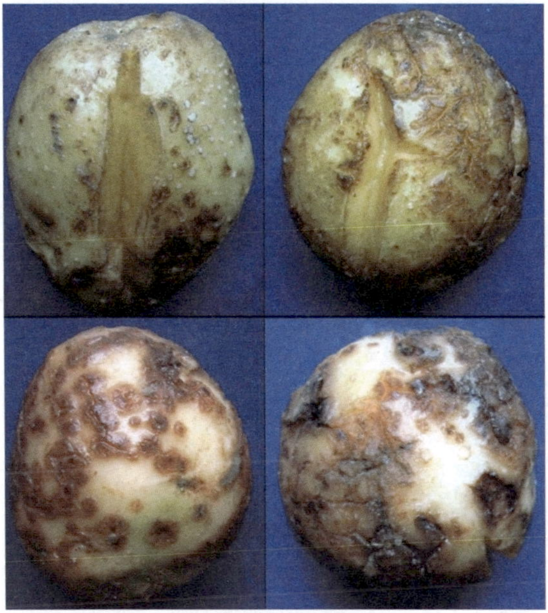

马铃薯疮痂病病薯症状

发病规律

病菌随病株残体在田间土壤中或附着种子上存活。带菌种子是最主要的初侵染源。田间靠风、雨、水流、昆虫传播，病菌可以从植物组织表面的伤口或自然孔口侵入。在温度适合的条件下，高湿度和阴雨天病害容易发生。管理粗放、虫害重的菜地发病较重。

防控要点

种子消毒：清水浸泡 10~12 小时后，用 1% 次氯酸钠溶液浸 20~40 分钟，或用三氯异氰脲酸 600~800 倍液浸种 2~3 小时。

健身栽培：种植前深翻晒土，加强肥水管理，培育健壮植株；清除植株基部枯叶和弱老叶，及时摘除病叶。

药剂防治：发病初期用噻菌铜 20% 悬浮剂 500 倍液，或中生菌素 3% 可湿性粉剂 600~800 倍液，或农用链霉素 72% 可湿性粉剂 3000 倍液喷施，隔 7~10 天 1 次，共 2~3 次。

CHAPTER Seven 七、变色畸形病

蔬菜病毒病和生理性病害主要症状都表现为花、叶、茎褪绿变色，植株、叶片、果实畸形。主要区别：病毒病具有特异性症状，有传染性，田间发病由点到面，有发病中心。生理性病害与营养和环境因素有关，无传染性，田间病害分布较均匀，没有发病中心。

（一）蔬菜病毒病

蔬菜病毒病的症状有花叶、黄化、环斑或条斑、矮化、皱缩和畸形。花叶病表现为叶色褪绿或黄绿相间的花叶状，同时也出现植株矮小、叶片皱缩或扭曲等畸形症状。在田间通常有多种病毒病并发，在同一株植物上也可能发生 2 种或 2 种以上病毒复合侵染而表现为复合症。

病例

1. 菜薹花叶病

苗期和成株期均可发生。田间成株期症状明显，抽薹期上部叶片呈现花叶、卷曲和皱缩、变硬变脆、新叶卷曲成团，影响抽薹；抽薹后开花期薹茎上叶片变小、卷曲、叶缘缺刻增多。

病原：芜菁花叶病毒（TuMV）、黄瓜花叶病毒（CMV）。

2. 蕹菜花叶病

在幼株期发病较重，病害发生于细嫩的新叶。叶片变小、皱缩，叶缘上卷，叶片畸形；上部分枝增多，严重时植株矮化、死亡。

病原：黄瓜花叶病毒（CMV）、甜菜曲顶病毒（BCTV），两种病毒可以复合侵染。

菜薹花叶病：抽薹期症状

菜薹花叶病：开花期症状

蕹菜花叶病症状

3. 萝卜花叶病

叶面形成黄绿相间的花叶状，叶面皱缩，植株矮化；有些植株叶片沿叶脉向内皱缩形成耳突状，并产生轮纹花叶状。

病原：芜菁花叶病毒（TuMV）、黄瓜花叶病毒（CMV）、萝卜花叶病毒（RMV）。

萝卜花叶病症状

萝卜花叶病症状：病株（左）和耳突叶（右）

4. 毛豆病毒病

形成花叶和皱缩叶。叶片褪绿，呈黄绿相间的斑驳状，叶缘上卷；有些病株的叶片皱缩，叶缘下卷。

病原：大豆花叶病毒（SMV）和大豆皱叶病毒（SCLV）。

毛豆病毒病田间症状

毛豆花叶病毒病症状

毛豆皱叶病毒病症状

5. 绿豆病毒病

有花叶型和黄斑驳型。花叶型表现为叶色黄绿相间，叶片皱缩，产生小叶和丛生叶；黄斑驳型叶片形成黄色斑，病部与健部界限不明显，呈斑驳状。

病原：绿豆花叶病毒（MbMV）、绿豆黄斑驳病毒（MYMV）。

绿豆花叶病毒病症状

绿豆黄斑驳病毒病症状

6. 豌豆花叶病

叶片呈现黄绿相间的花叶状，叶片皱缩，畸形。

病原：豌豆花叶病毒（PeMV）。

7. 豇豆花叶病

叶片呈现黄绿相间的花叶症，皱缩，向下卷曲。

病原：菜豆普通花叶病毒（BCMV）、豇豆蚜传花叶病毒（CABMV）。

豌豆花叶病症状

豇豆花叶病症状

8. 辣椒病毒病

顶部新叶症状明显，病叶呈现浓绿与淡绿相间的花叶，皱缩，叶片变小、叶肉增厚，叶缘向上卷曲。果实表面凹凸不平，果尖弯曲至卷曲，重病果出现深绿和浅绿相间的花斑，后期褪色斑呈褐色或黑色坏死腐烂。

病原：黄瓜花叶病毒（CMV）、烟草花叶病毒（TMV）、马铃薯Y病毒（PVY）、烟草环斑病毒（TRSV）。

辣椒病毒病：病株矮化

辣椒环斑病毒病：病株（左），叶片环斑、病果畸形（右）

辣椒病毒病：叶缘上卷

辣椒病毒病：叶缘上卷、果实畸形

辣椒病毒病：叶向背面卷曲

辣椒病毒病：花叶皱缩

辣椒病毒病：叶黄化斑驳

辣椒花叶病：花叶斑驳

辣椒花叶病：果实斑驳

辣椒病毒病：椒果色斑

9. 番茄花叶病

新叶症状明显，病叶呈现浓绿与淡绿相间的花叶，皱缩，叶片变小、叶缘向上卷曲。果实表面凹凸不平、着色不均匀，严重时产生坏死斑纹。

病原：黄瓜花叶病毒（CMV）、烟草花叶病毒（TMV）。

10. 番茄条斑病

番茄条斑病又称番茄条纹病。茎、枝条、叶柄、果梗和果实受害。茎上中部初生暗绿色下陷短条纹，后为深褐色至黑色长条斑；枝条上的症状与茎上症状相似。叶柄和果梗病斑发生于与枝茎相连的基部，深褐色至黑色；果面有不规则形褐色下陷油渍状坏死斑块。

病原：烟草花叶病毒（TMV）、马铃薯 X 病毒（PVX）复合侵染。

番茄花叶病：花叶、叶缘上卷、皱缩　番茄花叶病：花叶、病果斑驳畸形

番茄条斑病：病茎、花梗和病果症状

11. 黄瓜花叶病

有黄化花叶和绿斑驳花叶两种症状。黄化花叶从苗期至结果期都可发生，苗期子叶变黄、幼叶形成浓绿与淡绿相间的斑驳，叶片畸形；成株期发病先从上部嫩叶显症，叶脉及两侧呈绿色、叶肉呈黄色，叶面皱纹、凹凸不平，有的产生蕨叶、裂片；病株瓜条表面出现褪绿斑驳。绿斑驳花叶主要发生于成株期，植株上部叶片显症。新叶的叶脉及两侧变淡黄色，

叶脉间的叶肉呈绿色瘤状隆起；瓜表面形成褪绿斑或浓淡相间的绿色斑驳，有些绿色部隆起呈瘤状。

病原：黄瓜花叶病毒（CMV）和黄瓜绿斑驳花叶病毒（CGMMV）。

黄瓜花叶病症状：苗期（左）和成株期（右）

黄瓜绿斑驳花叶病：病叶（左）和病瓜（右）

12. 瓠瓜花叶病

发病初期在叶片上出现浓淡不匀的嵌花斑，扩展后呈深绿和浅绿相间的花叶，绿色部分呈疱状隆起。重病叶畸形或呈扇形，缺刻增多。病株枝蔓生长停滞，植株矮小。

病原：黄瓜花叶病毒（CMV）、甜瓜花叶病毒（MMV）。

瓠瓜花叶病症状

13. 南瓜花叶病

叶片呈花叶和畸形叶，植株生长不良。花叶多沿叶脉发生，叶脉及两侧呈绿色，叶肉呈黄色。果实表面出现黄色疱斑。

病原：黄瓜花叶病毒（CMV）、甜瓜花叶病毒（MMV）。

南瓜花叶病：病叶（左）和病瓜（右）

14. 西葫芦花叶病

该病从苗期至成株期均可发生。叶片呈现黄绿相间的花叶，有些叶片边缘黄化、中间深绿色，绿色部分皱缩或疱状隆起。重病叶畸形或呈扇形，缺刻增多。病株枝蔓生长停滞，植株矮小。

病原：黄瓜花叶病毒（CMV）、甜瓜花叶病毒（MMV）。

15. 大蒜花叶病

病叶沿叶脉出现虚线状黄色条点，后连接成黄绿相间的长条纹，病叶僵硬。重病植株矮化，鳞茎变小，蒜瓣僵硬。罹病大蒜产量和品质下降，造成种性退化。

病原：大蒜花叶病毒（GMV）。

西葫芦花叶病症状

大蒜花叶病：病株和病叶

发病规律

植物病毒可以通过昆虫、植物种子和无性繁殖材料传播，有些病毒还可以通过病株的汁液传染。高温干旱的气候，土壤温度高、湿度低，土壤瘠薄、植株生长不良有利病害发生，蚜虫等虫害严重、农事操作粗放可加剧病害。

防控要点

培育无病种苗：播种前种子用10%磷酸三钠（Na_3PO_4）浸种消毒20~30分钟，育苗地要远离菜地并注意防虫，可采用营养袋育苗。

加强栽培管理：①注重水肥管理。保持土壤湿润，施足基肥、增施磷肥和钾肥，植株生长期叶面喷施0.2%磷酸二氢钾溶液或0.01%~0.05%硫酸锌溶液，提高植物抗病毒病的能力。②清除毒源。及时拔除病株，田间操作时尽量减少健株与病株接触。③除虫防病。多数蔬菜病毒病可以经蚜虫传染，应及时防治蚜虫。

适时药剂防治：发病前或发病初期用盐酸吗啉胍20%可湿性粉剂300~400倍液，或香菇多糖0.5%水剂200~300倍液，或氨基寡糖素0.5%可湿性粉剂400~500倍液喷雾，7~10天喷1次，共喷2~3次。

（二）缺素症

缺素症是由于土壤中某种营养元素不足或缺乏，对蔬菜作物的生长发育构成障碍，外观上呈现植株矮小、叶片失绿、组织坏死、畸形等症状。不同的缺素症有其特定的症状，可依据以下检索表作出初步诊断。

蔬菜缺素症诊断检索表

1. 症状先出现在老叶或成熟组织 2
  2. 不易出现斑点 3
    3. 新叶淡绿，老叶黄化枯焦、植株早衰 .... 缺氮
    3. 茎、叶暗绿或呈紫红色 .... 缺磷
  2. 易出现斑点 4

4. 叶尖和叶缘呈褐色焦枯，植株早衰……………………………………缺钾
4. 叶小、叶脉两侧褪绿黄化…………………………………………………缺锌
4. 叶脉间褪绿黄化，有褐色或紫红色斑点………………………………缺镁
1. 症状先出现在嫩叶或幼嫩组织……………………………………………………5
5. 顶芽易焦枯…………………………………………………………………………6
6. 茎叶软化、幼叶卷曲、叶缘黄化后期呈褐色焦枯…………………缺钙
6. 茎叶粗糙僵化、易脆，叶脉木栓化……………………………………缺硼
5. 顶芽不易焦枯……………………………………………………………………7
7. 叶脉绿、脉间黄，有杂色斑………………………………………………缺锰
7. 叶脉绿、叶肉黄白色，无坏死斑…………………………………………缺铁

病例

1. 蔬菜缺钾症

（1）豌豆缺钾症

植株下部叶片沿叶尖和叶缘变黄，变黄组织向叶脉间扩展，叶片向上翻卷，后期叶片枯焦。

（2）马铃薯缺钾症

叶尖和叶缘褪绿黄化，黄化组织朝叶脉间扩展，后期叶片焦枯。

（3）黄瓜缺钾症

植株生长缓慢，节间变短，叶片小、卷曲，叶缘呈黄绿色，主脉凹陷，后期叶脉间叶肉失绿，枯死。瓜短而细，产生尖嘴瓜或大肚瓜。

（4）萝卜缺钾症

病害先出现在外轮老叶，从叶尖和叶缘开始黄化并逐渐向内部叶脉间扩展，随后叶缘焦枯，并产生赤褐色斑点。

（5）番茄缺钾症

植物矮小，叶小皱缩、叶缘失绿黄化和焦枯；果实着色不匀。

豌豆缺钾症

马铃薯缺钾症

黄瓜缺钾症

萝卜缺钾症

番茄缺钾症

2. 蔬菜缺锌症

（1）黄瓜缺锌症

植株中下位叶片的叶脉间褪绿，后逐渐转为黄化和褐色；叶脉保持绿色。病叶稍向外卷曲，生长点附近的节间缩短，新叶不黄化。

（2）马铃薯缺锌症

植株中下部叶片近主脉的脉间褪绿变黄，逐渐向叶缘扩展导致全叶黄化；叶脉保持绿色。新生枝条的叶片变小，不黄化。

黄瓜缺锌症

马铃薯缺锌症：植株

马铃薯缺锌症：叶片

3. 蔬菜缺钙症

（1）辣椒缺钙症

发病植株矮小，上部叶片叶尖和叶缘黄化；辣椒青果期发生脐腐，果实尖端呈水渍状软腐，逐渐向上扩展引起大面积组织腐烂，腐烂部位初期呈黄色，后转为褐色至红褐色。

（2）茄缺钙症

植株中上部叶片的叶脉间黄化，后期转为黄褐色。缺钙严重时，果实的顶部开裂形成顶腐。

（3）包菜缺钙症

包菜缺钙症又称包菜干烧心。菜球外层叶片无症状，在菜球中层和上层出现棕色弧形层状带，中层和中上层叶片的叶缘呈棕色或黄褐色干腐，叶肉变为薄纸状。菜球最外面的 1~3 层叶和中心锥叶一般不发病。

（4）白菜缺钙症

白菜缺钙症又称缘腐病。典型症状是内层新叶的叶缘干焦腐烂，外层老叶和中心叶不表现症状。

（5）花椰菜缺钙症

靠近花球的 2~3 层叶片的叶缘呈黄褐色干焦腐烂，老叶和中心雏叶无症状。

辣椒缺钙症：叶尖叶缘黄化（左），果尖软腐（右）

茄缺钙症

白菜缺钙症

包菜（结球甘蓝）缺钙症

花椰菜缺钙症

（6）芹菜缺钙症

幼叶卷曲、叶缘变褐坏死。病株内部生长点的幼嫩组织变褐坏死形成心腐，中心幼叶及相邻新叶的叶缘变褐焦枯。

芹菜缺钙植株症状

芹菜缺钙植株内部症状

4. 蔬菜缺硼症

（1）莴苣缺硼症

根系发育不良，叶片皱缩反卷，叶色浓淡不匀，呈花叶状；顶芽生长点受抑制或枯死，顶部叶片短小簇生；叶片从叶尖和叶缘产生褐色斑点，成片发生后导致全叶叶缘及叶片焦枯。根茎部维管束变褐色，髓部产生水渍状褐腐，可形成开裂或空腔。

（2）番茄缺硼症

叶片叶脉间失绿呈紫色或橘红色，叶脉绿色至黄色；叶片细小，向内卷曲。茎及叶柄脆弱，易使叶片脱落。果实畸形，果皮有褐色开裂的蚀纹。

（3）芋头缺硼症

叶片的叶柄处产生黑斑和裂纹，芋头内部腐烂，称褐腐病。

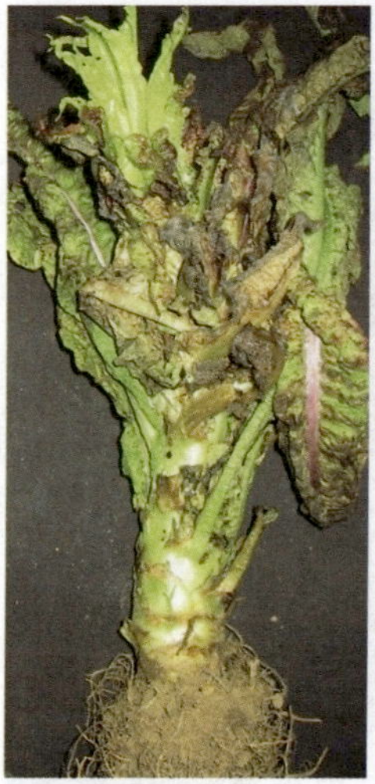

莴苣缺硼症：病株

莴苣缺硼症：病茎剖面

莴苣缺硼症：茎基剖面

番茄缺硼症

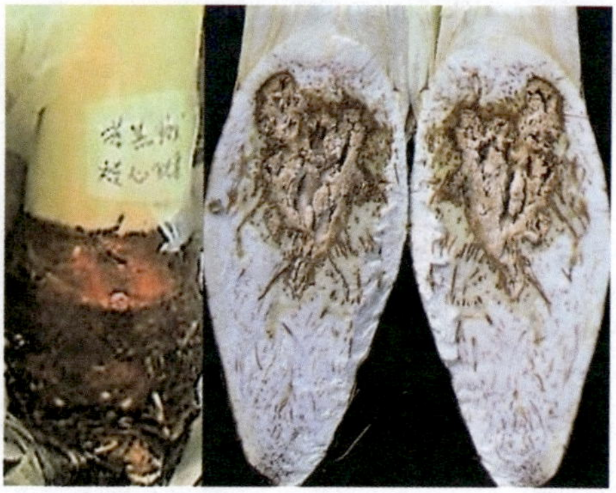

芋头缺硼症

5. 番茄缺镁症

顶部新叶失绿黄化，逐渐向下部叶片扩展；植株中下位叶片主脉附近的脉间叶肉失绿变黄，逐渐扩展至全叶变黄，叶脉和侧脉保持绿色。

6. 白菜缺铁症

叶片的叶绿素形成受阻，叶色较淡和黄化。

番茄缺镁症：结果期（左）和生长期（右）

白菜缺铁症

发病规律

蔬菜由于营养失调而产生缺素症。缺素的原因是多方面的，一般是由于土壤中某种营养元素缺乏或不足，有机肥施用量减少，化肥中各类营养元素比例失调，在蔬菜作物采用无土栽培或基质栽培时营养元素种类缺乏或比例不当都可能造成蔬菜缺素症。

防控要点

科学施肥：根据不同土壤肥力和蔬菜种类进行配方施肥，重视施用有机肥，避免偏施单一化肥。

及时补肥：对表现缺素症的作物及时补施相应的肥料，补施的肥料通常为速效肥，施用方法可以采用叶面施肥和根部施肥。蔬菜缺素症矫治参见下表：

蔬菜缺素症矫治一览表

缺素种类	矫治方法
缺氮	尿素［$CO(NH_2)_2$］：傍晚或早晨用 0.2%~0.5% 溶液叶面均匀喷施，7~10 天喷 1 次，连续喷 2~3 次
缺磷	普通过磷酸钙［$Ca(H_2PO_4)_2 \cdot H_2O+CaSO_4$］：作基肥施用，或用磷酸二氢钾作叶面肥
缺钾	硫酸钾（K_2SO_4）或氯化钾（KCl）：作基肥施用，也可用 0.5% 磷酸二氢钾作叶面肥施 2~3 次
缺锌	硫酸锌［$ZnSO_4$］：使用溶液浓度为 0.1%~0.2%，叶面均匀喷施
缺镁	硫酸镁（$MgSO_4$）：使用溶液浓度为 1%~2%，叶面均匀喷施，5~7 天喷 1 次，连续喷 3~4 次。施用磷肥有助于对镁的吸收
缺钙	氯化钙（$CaCl_2$）：使用溶液浓度为 0.3%~0.5%，叶面均匀喷施，5~7 天喷 1 次，连续喷 2~3 次。控制氮、钾肥的施用量
缺硼	硼砂（$Na_2B_4O_7 \cdot 10H_2O$）：使用溶液浓度为 0.1%~0.2%，叶面均匀喷施
缺锰	硫酸锰（$MnSO_4 \cdot H_2O$）：使用溶液浓度为 0.1%~0.2%，叶面均匀喷施
缺铁	硫酸亚铁（$FeSO_4 \cdot 7H_2O$）：使用溶液浓度为 0.2%~0.5%，叶面均匀喷施
缺铜	硫酸铜（$CuSO_4 \cdot 5H_2O$）：使用溶液浓度为 0.01%~0.02%，叶面均匀喷施
缺钼	钼酸铵［$(NH_4)_6Mo_7O_{24} \cdot 4H_2O$］：使用溶液浓度为 0.05%~0.2%，叶面均匀喷施

（三）气候病害

气候对蔬菜的影响主要是冷害和热害。

冷害是冰点（0℃）以上低温对植物造成的危害。蔬菜冷害会出现叶片黄化、凋萎，芽枯、顶枯、流胶，果实不能发育成熟。喜温蔬菜如瓜类和茄果类蔬菜，设施栽培的蔬菜较易受冷害。

高温胁迫引起植物的伤害称热害。热害常见的是番茄、辣椒等作物的叶片和果实的灼伤（日灼），在沙质土壤栽种的瓜类和茄果类蔬菜幼苗因土面温度过高而灼伤枯萎，温室中的瓜类叶片组织因高温伤害表现为黄化坏死，新叶和芽灼伤萎蔫，开花和结实异常或不能开花结果。

病例

1. 甜瓜冷害

大棚种植的甜瓜在结果期遇低温，受害叶片初期呈褪绿状，而后叶脉间的叶肉组织黄化、变褐色枯萎，叶脉保持淡绿色，叶柄萎蔫下垂。

2. 番茄冷害

大棚采用基质栽培番茄，由于基质保水保肥和保温性能差，在结果期遇低温易受冷害。冷害后全棚的番茄植株均表现为叶片萎垂卷曲，叶脉间叶肉组织产生紫色不规则形的斑块。

甜瓜冷害：叶片黄化萎蔫

番茄冷害：植株萎蔫（左），叶片产生紫斑（右）

3. 西葫芦冷害

西葫芦开花结果期受冻害，上层幼嫩叶片先产生水渍状萎蔫，随后全

西葫芦冷害：叶片萎蔫变黑干枯

叶变黑焦枯。下层老叶受害较轻，叶片表面形成水渍状褪绿斑块，后期斑块焦枯。

4. 黄瓜热害

大棚种植的黄瓜在成株期遇高温，藤蔓伸长区的新叶和嫩芽的叶缘呈暗绿色枯焦，向内卷曲；开花后不能正常结果。

黄瓜热害：授粉障碍不结瓜（左），顶芽萎蔫（右）

南瓜热害：叶片萎蔫黄枯

5. 南瓜热害

大棚种植的南瓜在成株期遇高温，叶片外缘失水软化并向下萎垂，而后软化的叶组织呈“V”形大片枯黄。

6. 辣椒热害

在夏天等高温季节或设施栽培辣椒，在开花期温度过高（超过30~35℃），致使柱头干枯不能授精，造成落花和不坐果；或因授粉不良导致果实发育受阻形成畸形果。

7. 辣椒日灼

植株外层果实易受害。果实向阳面先产生水渍状暗绿色斑块，后期变为黄白色凹陷。

彩椒高温授粉障碍：果实畸形

辣椒日灼症状

8. 番茄蒂腐病

果蒂周围果皮变褐，围绕果肩形成木栓化的横裂纹，或从果蒂向果肩部有纵向放射状的粗糙裂纹。这与高温和强烈阳光照射、骤然降温、水分供应失调、硼素吸收受阻等因素有关。

番茄蒂腐病症状

发病规律

露地栽培条件下高温与强光结合常造成果实日灼病；设施栽培蔬菜经常是反季节栽培，由于播种期选择不当，防护措施不力，常常造成热害和冷害。

防控要点

调节播种期：在缺乏温湿度控制系统的温室和大棚，要根据作物生长特性选择播种期，避开生长季节的高温或低温危害。

加强防护：对日灼和热害要及时采取遮阴和通风降温，加强灌溉保持土壤湿润；对冷害要采用预防措施，关闭大棚门窗，覆盖薄膜保温，也可以在低温来临前增施磷钾肥。

（四）药害

药害是指使用化学杀菌剂、杀虫剂、杀螨剂、除草剂、土壤消毒剂或生长激素时，因施用不当对蔬菜生长生理或组织产生毒害，影响蔬菜的正常生长发育。常见的药害症状有叶片产生坏死斑和枯焦；植株、叶片或果实畸形，落果落叶；植株生长发育缓慢，叶片黄化，花少、果小、籽粒不饱满。

病例

1. 黄瓜甲醛药害

甲醛用于苗地和温室土壤及栽培介质的消毒。如果用药量大或消毒后与种植的间隔时间过短，残留的药剂会抑制瓜苗生长。

2. 毛豆三唑醇药害

三唑醇用于防控单子叶作物如麦类、玉米的锈病、黑粉病、白粉病有优良的效果，在双子叶作物上易产生药害。毛豆施用三唑醇后叶片皱缩，向下卷曲，生长停滞。

黄瓜甲醛药害：施药区（左），未施药区（右）

毛豆三唑醇药害：田间症状（左），新叶皱缩（右）

3. 茄子丙环唑药害

丙环唑用于防控麦类、玉米、香蕉等作物的白粉病、锈病、叶枯病和叶斑病。在茄子上使用不当会抑制植株生长，受害植株矮小，叶片畸形，产生褐色、不规则形坏死斑。

4. 辣椒除草剂药害

辣椒地使用酰胺类除草剂如丁草胺或灭生性除草剂如草甘膦，由于使用不慎将药液喷洒到蔬菜植株或叶片上。叶片产生药害时表现为褪绿、黄化的不规则形坏死斑块，斑块大小不等，多数形成于椒株中下部叶片。

茄子丙环唑药害症状

辣椒除草剂药害症状

5. 番茄矮壮素药害

番茄上过量施用矮壮素会造成药害，药害症状表现为植株严重矮化，果枝不能伸展，叶片卷曲、畸形，呈汤匙状；芽丛生，果枝节间缩短，枝叶变脆、易折断。

6. 花椰菜硼中毒症

花椰菜过量施用硼肥，导致叶片的叶缘变黄干枯，甚至全叶黄化枯死；叶片上出现褐色至黑色的枯死斑点或斑块；叶柄伸长变粗，叶片变小畸形，花球小。

番茄矮壮素药害症状

花椰菜硼中毒症状

7. 莴苣除草剂药害

蔬菜的除草剂药害有直接药害和间接药害。间接药害是前茬作物的除草剂残留对后作蔬菜造成的药害。水稻田施用二氯喹啉酸或苄嘧磺隆等长效型除草剂，易在土壤中残留和积累，后作种植蔬菜时造成药害。这种药害是系统性的，在莴苣表现为上层幼嫩叶片细长、皱缩卷曲，僵硬直立，叶色褪绿和黄化。心叶生长受阻，叶尖卷曲坏死；生长点及其以下幼嫩组织变黑、坏死。

莴苣除草剂药害：田间症状

莴苣除草剂药害：新叶黄化畸形

莴苣除草剂药害：生长点和幼嫩组织坏死腐烂

发病规律

任何一种化学农药都有其特定的用途和化学特性，不了解各种农药的作用特点而盲目用药，极易造成药害。盲目用药的表现：①错用于防控非靶标有害生物。②施用于敏感作物。③随意多种农药混用。④施药环境不适合，喷药时过高或过低温度均有可能产生药害。⑤过量用药。药量过大、药剂浓度过高、施药次数过多均易造成药害。⑥忽视农药使用的安全间隔期。例如水稻田的二氯喹啉酸残留对番茄、马铃薯、辣椒、胡萝卜、芹菜、菠菜、秋葵、黄瓜、南瓜、青豆、莴苣会造成药害，稻田施用二氯喹啉酸后，一年内不宜种芹菜、菠菜、莴苣，二年内不宜种番茄、胡萝卜等作物。

防控要点

选用农药：针对病害种类和作物类型，科学选用农药，严禁超范围使用农药。

适境用药：喷施农药时，施药时间应选择在上午或傍晚。

科学用药：选择施药适期，按规定的用药量、使用浓度和施用次数用药，注意农药使用的安全间隔期。

CHAPTER Eight 八、菟丝子害

菟丝子是寄生性双子叶草本植物，根缺乏；叶片退化为鳞片状、无叶绿素，花白色，果实为蒴果，种子圆球形，茎黄绿色缠绕于寄主，与寄主接触部位产生吸盘侵入寄主组织吸取水分和养分。菟丝子可以侵害多种蔬菜，菜株被菟丝子寄生后叶片黄化、脱落，植株生长衰弱，严重时不能开花结果，甚至整株枯死。

菟丝子形态及寄生状态

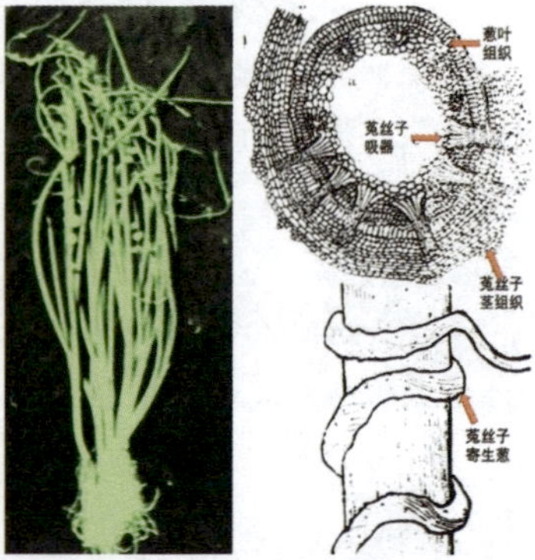

葱菟丝子害症状（左）及寄生状解剖图（右）

病例

1. 葱菟丝子害

菟丝子茎蔓缠绕寄生于葱的叶片上，导致葱叶枯黄；菟丝子在葱株间扩展蔓延，可引起成片葱受害以致枯死。

病原：田野菟丝子（*Cuscuta campestris*）。

2. 茄菟丝子害

菟丝子以茎蔓缠绕于茄的茎、枝条、叶柄和果梗上，以吸器插入茄的细胞组织内吸收营养；受害茄植株生长衰弱，叶片黄化凋萎，枝条枯死。

病原：田野菟丝子（*Cuscuta campestris*）。

葱菟丝子害田间症状

茄菟丝子害症状

3. 南瓜菟丝子害

菟丝子茎蔓缠绕于瓜的藤蔓、叶柄等部位，导致瓜株生长不良，叶片黄化凋萎。

病原：田野菟丝子（*Cuscuta campestris*）。

4. 蕹菜菟丝子害

菟丝子茎蔓缠绕寄生于蕹菜的茎、叶柄，受害菜叶片黄化、枯萎。

病原：田野菟丝子（*Cuscuta campestris*）。

南瓜菟丝子害症状

蕹菜菟丝子害症状

发病规律

菟丝子种子混杂于作物种子中，或成熟后掉落于土壤中存活。寄主植物播种后，受到寄主分泌物的刺激，菟丝子种子萌发长出旋卷的幼茎缠绕于寄主，一旦与寄主建立寄生关系后，吸根下边的茎就逐渐萎缩并与土壤分离，缠绕于寄主上部的茎蔓不断繁殖和伸展，向四周蔓延。

防控要点

加强植物检疫：菟丝子是重要的检疫性有害生物，可随蔬菜种子调运进行远距离传播。因此，调运和购买菜种时要严格检查，严禁使用有菟丝子混杂的菜种；选用无病地自繁自留菜种。

重视清除病原：田间出现少量菟丝子时，在种子尚未成熟时彻底拔除；病田要深翻土使菟丝子种子深埋。

合理药剂防治：对于受害严重的田地，在蔬菜播种或移栽前用甲草胺43%乳油或地乐胺48%乳油200~250倍液均匀喷施于土壤，与土壤混匀后播种或移栽。也可以在菟丝子转株前期，用地乐胺48%乳油200倍液均匀喷施茎蔓部。

CHAPTER Nine 九、蔬菜虫害

（一）咬食性虫害

为害蔬菜的咬食性害虫主要有蝶类、蛾类和甲虫类昆虫，还有少数叶蜂和蜗牛。蝶类和蛾类以幼虫咬食菜叶、菜茎、菜花和果皮，造成缺刻和伤疤，蔬菜受害部位有虫体或残留虫粪和碎屑；成虫主要任务是繁衍后代，多数以花蜜来补充营养，一般不造成直接危害。甲虫类昆虫其成虫可咬食蔬菜芽、叶、茎、花，造成孔洞、缺刻，有些甲虫的幼虫可以咬食蔬菜的根、块根和块茎。叶蜂以幼虫取食叶片，蜗牛可咬食菜叶。

实例

1. 菜粉蝶

菜粉蝶（*Pieris rapae*），别名菜青虫、白粉蝶、菜白蝶。为害十字花科、菊科、百合科等蔬菜，甘蓝、花椰菜、白菜、萝卜、芥菜、油菜等十字花科蔬菜受害严重。菜粉蝶主要以幼虫为害：低龄幼虫取食菜叶的叶肉，留下一层透明的表皮；高龄幼虫能够把叶片咬成孔洞和缺刻，严重时可将叶片吃光，仅存叶脉和叶柄。包菜和花椰菜幼苗受害会影响包心和花球形成，甚至整株死亡。菜粉蝶幼虫排出的粪便污染叶球和叶片，在白菜上造成的虫伤口能诱引软腐细菌侵染发生软腐病。

2. 东方菜粉蝶

东方菜粉蝶（*Pieris canidia*）别名多点菜粉蝶、东方粉蝶、黑缘粉蝶。主要为害十字花科蔬菜。幼虫喜食萝卜、白菜、芥菜，幼虫在开花结荚的白菜、芥菜和萝卜留种田还取食叶片和种荚。

菜粉蝶幼虫（左）和成虫（右）

菜青虫咬食小白菜

菜青虫咬食白菜

菜青虫咬食包菜叶仅存叶脉

菜青虫咬食花椰菜叶片

东方菜粉蝶幼虫（左），蛹（中），成虫（右）

东方菜粉蝶幼虫咬食花椰菜叶片

3. 小菜蛾

小菜蛾（*Plutella xylostella*）又称小青虫、吊丝虫。为害甘蓝、青花菜、薹菜、芥菜、花椰菜、白菜、油菜、萝卜等十字花科蔬菜。以幼虫咬食叶形成穿孔，严重危害时吃光叶肉仅存叶脉，叶片呈现网状孔。小菜蛾和菜青虫可共同为害菜叶。

小菜蛾成虫（左）和幼虫（右）

小菜蛾咬食小白菜(左)，菜青虫和小菜蛾咬食甘蓝(右)

4. 斜纹夜蛾

斜纹夜蛾（*Spodoptera litura*）以幼虫为害为主。初孵幼虫在叶背为害，取食叶肉，仅留下表皮；高龄幼虫咬食叶片造成孔洞、缺刻，甚至吃光叶肉仅存叶脉。

斜纹夜蛾是一类杂食性和暴食性害虫，寄主范围广泛，除十字花科蔬菜受害外，马铃薯、茄子、番茄、辣椒、南瓜、丝瓜、冬瓜、豆、葱、韭菜、菠菜、花生、地瓜叶等蔬菜也受害。

斜纹夜蛾生活史

斜纹夜蛾幼虫为害白菜

芋斜纹夜蛾为害：叶上的初孵幼虫（左上），仅存上表皮呈透明斑（右上），孔洞（左下），仅存叶脉（右下）

斜纹夜蛾为害花生叶片

斜纹夜蛾幼虫咬食地瓜叶(左)和幼虫形态(右)

5. 葫芦夜蛾

葫芦夜蛾（*Anadevidia peponis*），其低龄幼虫咬食叶片，呈小孔，高龄幼虫将叶片咬成弧形缺口，使叶片干枯。主要为黄瓜、节瓜、瓠瓜等葫芦科蔬菜受害。

葫芦夜蛾幼虫形态

葫芦夜蛾幼虫咬食瓠瓜叶片呈弧形缺口

6. 甘薯麦蛾

甘薯麦蛾（*Brachmia macroscopa*），以幼虫吐丝卷叶产生危害。幼虫啃食叶片、幼芽、嫩茎、嫩梢；取食叶面表皮和叶肉，仅存下表皮，叶片呈现网状透明斑；也可将叶卷起咬成孔洞，严重危害时叶片仅残留叶脉。

甘薯麦蛾幼虫（左）和成虫（右）

甘薯麦蛾为害甘薯叶：卷叶（上），咬食叶肉（下）

7. 银纹夜蛾

银纹夜蛾（*Argyrogramma agnata*），以幼虫为害蔬菜，低龄幼虫仅在叶背取食叶肉留下一层表皮，高龄幼虫咬食叶片形成孔洞或缺刻，甚至将叶片吃光。

银纹夜蛾为害油菜、甘蓝、花椰菜、白菜、萝卜等十字花科蔬菜，也为害豆科蔬菜、茄科蔬菜、胡萝卜等。

8. 草地贪夜蛾

草地贪夜蛾（*Spodoptera frugiperda*），异名秋粘虫、草地夜蛾。幼虫取食叶片可造成落叶。幼虫以切根方式为害，能咬断种苗的根和幼嫩植株的茎，造成死苗缺株。

草地贪夜蛾寄主范围广，也能为害莴苣、花生、大豆、芦笋、马铃薯、甘薯、茄子、番茄、甘蓝、洋葱、胡萝卜、菊苣、豌豆、菠菜、黄瓜等蔬菜。

银纹夜蛾成虫（左）和幼虫（右）

银纹夜蛾为害甘薯叶：孔洞（左），咬食下表皮和叶肉（右）

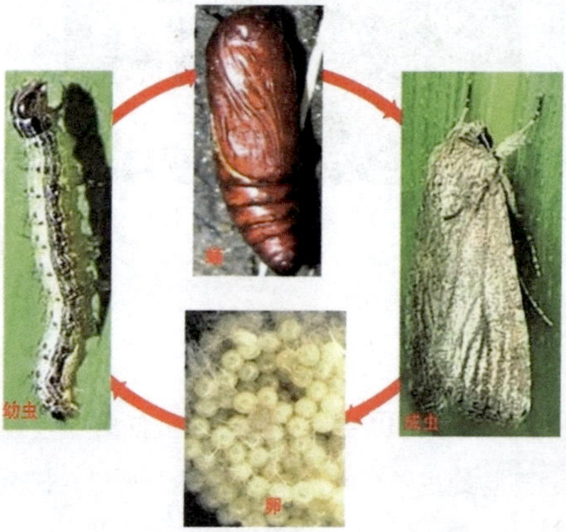

草地贪夜蛾生活史

草地贪夜蛾幼虫咬食番茄茎

9. 黄守瓜

黄守瓜（*Aulacophora indica*），别称瓜萤、瓜叶虫、瓜黄叶甲。成虫和幼虫都能造成危害。成虫咬食叶片、花和嫩茎，形成半环形或环形伤痕，环形伤痕干枯脱落而形成大孔洞。严重危害时叶片仅存叶脉而形成网状孔洞。幼虫在土中咬食寄主根，造成死苗。

附录：蔬菜主要病虫害

霜霉病（葫芦科、叶菜、豆科、葱）

葫芦科、豆科、茄科）

灰霉病（茄科、葫芦科）

早疫病（茄科）、黑斑病（十字花科）

枯萎病（字花科、茄科、芋）

溃疡病和疮痂病（茄科）

细菌性叶斑、叶枯病（多种蔬菜）

病毒病（茄

食性虫害（蓟马、螨类、虫、粉虱）

蛀食性虫害（实蝇、潜蝇）

黄守瓜食性广泛，能为害黄瓜、南瓜、甜瓜、丝瓜等葫芦科蔬菜，也为害十字花科、茄科、豆科等多种蔬菜。

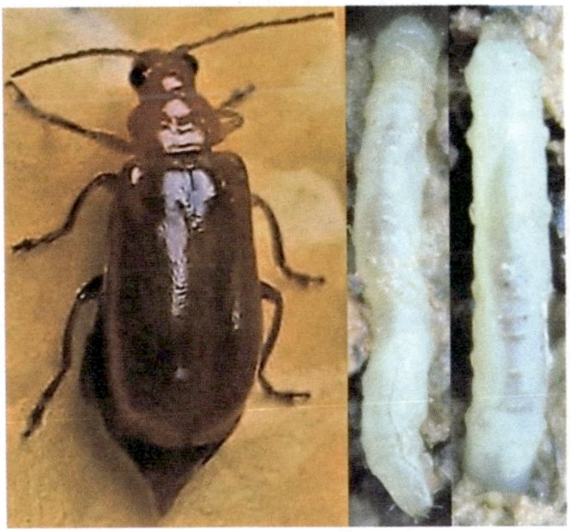

黄守瓜成虫（左）和幼虫（右）

黄守瓜成虫为害南瓜的花（上左），叶（上右），幼虫为害根（下）

黄守瓜为害西葫芦根，造成叶蔓黄化

黄守瓜成虫咬食豇豆叶片

10. 黑守瓜

黑守瓜（*Aulacophora lewisii*）成虫和幼虫都能造成危害。成虫咬食瓜的叶片和花，造成孔洞和缺刻。

黑守瓜成虫（左），咬食丝瓜的花（中）和叶片（右）

11. 黄胸叶甲

黄胸叶甲（*Luperomorpha xanthodera*）成虫咬食南瓜和茄子的花瓣，造成孔洞和缺刻。

黄胸叶甲为害黄瓜花瓣（左）和茄子花瓣（右）

12. 黄曲条跳甲

黄曲条跳甲（*Phyllotreta striolata*）成虫和幼虫都能为害蔬菜。成虫咬食叶片使其呈孔洞；幼虫啃食根表皮形成伤疤。

黄曲条跳甲主要为害甘蓝、花椰菜、白菜、菜薹、萝卜、芜菁、油菜等十字花科蔬菜，也为害茄果类、瓜类、豆类蔬菜。

黄曲条跳甲成虫咬食菜叶

黄曲条跳甲成虫为害小白菜

咬食萝卜皮层（左），黄曲条跳甲幼虫（右）

13. 二十八星瓢虫

成虫呈球形，红褐色，每一鞘翅上有 14 个黑斑。常见种如下：

马铃薯二十八星瓢虫（*Henosepilachna vigintioctomaculata*）：成虫前胸背板中央有一个大的黑色剑状斑纹，两鞘翅合缝处有 1~ 2 对黑斑相连，幼虫体节枝刺均为黑色。

茄二十八星瓢虫（*Henosepilachna vigintioctopunctata*）：成虫前胸背板多具 6 个黑点，两鞘翅合缝处黑斑不相连，幼虫体节枝刺毛为白色。

以上 2 种二十八星瓢虫有相同寄主，都能为害马铃薯和茄子。成虫、幼虫在叶背面取食叶肉，仅留表皮；表皮破碎后形成孔洞。严重危害时叶片仅剩叶脉。

茄二十八星瓢虫成虫和幼虫（上），马铃薯二十八星瓢虫成虫和幼虫（下）

二十八星瓢虫为害马铃薯叶片（左）和茄叶片（右）

14. 甘薯小绿龟甲

甘薯小绿龟甲（*Taiwania circumdata*）为害甘薯、蕹菜及其他旋花科植物。成虫和幼虫均取食蕹菜叶片形成缺刻或孔洞状。

15. 黑额光叶甲

黑额光叶甲（*Smaragdina nigrifrons*）为害豆科蔬菜，成虫在叶正面取食，将叶咬成孔洞或缺刻。

甘薯小绿龟甲成虫咬食蕹菜叶片

黑额光叶甲为害豇豆

16. 甘薯猿叶虫

甘薯猿叶虫（*Chrysochus chinensis*）成虫和幼虫以啃食叶片为主，将叶片吃成孔洞，严重时呈网状，仅留叶脉。主要为害甘薯、蕹菜等旋花科蔬菜。

17. 蛴螬

蛴螬是金龟子幼虫的总称，成虫通称为金龟子或金龟甲。为害农林作物的金龟子常见的有东北大黑鳃金龟（*Holotrichia diomphalia*）、暗黑鳃金龟（*Holotrichia parallela*）、铜绿丽金龟（*Anomala corpulenta*）。

暗黑鳃金龟的成虫和幼虫都会为害芋头，幼虫（蛴螬）在土壤中取食芋块茎形成孔洞，并在孔洞中化蛹和羽化。

为害花生、豆类、薯类等作物。

甘薯猿叶甲为害蕹菜（左）和甘薯叶（右）

芋暗黑鳃金龟的幼虫（蛴螬）和成虫

暗黑鳃金龟为害芋头（左），在虫孔内羽化的成虫（右上）和土壤中的幼虫（右下）

18. 叶蜂

叶蜂（*Senoclidea decorus*）幼虫为害山药。初孵幼虫在叶片上群集为害，仅取食叶肉，留上表皮，造成透明斑；大龄幼虫伏着在叶背面产生危害，由叶尖向叶柄取食；高龄期幼虫为暴食期，严重时把叶片吃光，仅留叶脉或叶柄；甚至将山药叶子吃光，仅留茎秆。

山药叶蜂食性单一，主要为害山药。

山药叶蜂：成虫（左下），低龄幼虫取食叶肉（左上），高龄幼虫啃食叶片（右）

19. 蜗牛

为害蔬菜的蜗牛主要有 2 种：①灰巴蜗牛（*Bradybaena ravida*）：螺壳面黄褐色或琥珀色；②同型巴蜗牛（*Bradybaena similaris*）：螺壳面呈黄褐色或红褐色。为害甘蓝、花椰菜、白菜、萝卜、豆类、马铃薯等蔬菜。

蜗牛咬食蔬菜幼苗、嫩叶、嫩茎和果实。蔬菜苗期危害造成缺苗断垄；为害叶片造成缺刻、孔洞，严重时仅余叶脉。

灰巴蜗牛（上）和同型巴蜗牛（下）

灰巴蜗牛为害花生（左），白菜（右上），同型巴蜗牛为害包菜（右下）

发生规律

为害蔬菜的蝶类和蛾类昆虫大多数为多代繁殖，一年发生 3~4 代；以老熟幼虫或蛹越冬，以幼虫咬食蔬菜的叶片、嫩芽、嫩茎、花和幼果。甲虫类害虫中黄曲条跳甲、甘薯小绿龟甲为多代繁殖（3~8 代），其他甲虫繁殖代数较少（1~3 代），金龟甲则为单代繁殖。甲虫类的成虫和幼虫都可为害蔬菜，成虫咬食蔬菜地上部的叶、茎、花、果，幼虫可为害蔬菜地上部器官，有些种幼虫生活在土壤中为害蔬菜根系。山药叶蜂食性单一，以幼虫造成危害。蜗牛繁殖代数较少（1~3 代），繁殖力强（每头可产卵 50~300 粒），易暴发虫害。

防控措施

农业防控：①田园卫生。蔬菜收获后要彻底清除菜地上残留的虫害株叶，清除栽培环境中的杂草和其他宿主植物，消灭和减少害虫迁移危害。②健康栽培。增施有机肥和生物菌肥；移栽无病虫的健壮种苗；合理肥水管理，合理密植；地面覆膜控制湿度。

理化诱控：①灯光诱杀。蔬菜大棚或菜园安装黑光灯、频振式杀虫灯等，能有效诱杀蛾类、蝶类等害虫成虫，降低田间落卵量，压低害虫基数。②化学诱杀。糖醋诱杀液（糖：酒：醋：水 =6 ：1 ：3 ：10，加少许 90% 晶体敌百虫）能诱杀斜纹夜蛾等成虫。③性诱剂诱杀。目前有诱集小地老虎、斜纹夜蛾、甜菜夜蛾、小菜蛾的性诱剂诱芯。

药剂防控：卵孵化盛期和低龄幼虫盛发期进行药剂防控。①生物源农药。苏云金杆菌 10 亿活芽孢 / 克可湿性粉剂 600~800 倍液，或印楝素 0.3% 乳油 600~1000 倍液喷施。②化学农药。灭幼脲 20% 悬浮剂 2500~3000 倍液，氰氟虫腙 22% 悬浮剂 700~800 倍液喷施。③防控蜗牛危害。每亩用四聚乙醛 6% 颗粒剂 500 克拌细沙土，均匀撒施于畦面；也可在畦面周围按一定间隔将药剂堆成小堆，设置诱杀堆，可充分诱杀蜗牛。

（二）蛀食性害虫

蔬菜蛀食性害虫有蛾类昆虫和蝇类昆虫，这两类害虫都以幼虫造成危害。蛾类昆虫的幼虫蛀食蔬菜瓜果形成蛀孔，整条幼虫在蛀孔内取食、缀丝，排留粪便，引起瓜果腐烂；幼虫也咬食叶片形成孔洞和缺刻；二化螟蛀食茎秆造成枯心和茎枯。蝇类昆虫成虫产卵于果皮或叶表皮下，幼虫孵化后直接潜入果实内或叶片内蛀食危害。瓜实蝇蛀食瓜果，形成蛀孔和蛀道；潜叶蝇蛀食叶片形成蛀道，造成叶片焦枯；潜秆蝇蛀食茎形成虫孔和虫道，造成茎枯。

实例

1. 烟青虫

烟青虫（*Helicoverpa assulta*），又称烟夜蛾、青布袋虫。幼虫取食叶片、花和果实。幼虫先取食嫩叶表皮组织，形成孔洞或缺刻；蛀食嫩果时先啃穿果皮，然后取食果肉，形成蛀孔蛀道；整条幼虫钻入果内取食、缀丝，排留大量粪便并导致烂果。为害辣椒、茄子等茄科蔬菜。

烟青虫幼虫（左）和成虫（右）

烟青虫蛀食辣椒果

烟青虫蛀食茄果：幼虫（左），蛀食初期的蛀斑（中），蛀孔和蛀道（右）

2. 甜菜夜蛾

甜菜夜蛾（*Spodoptera exigua*），又称夜盗蛾、菜褐夜蛾。甜菜夜蛾主要为害蔬菜。低龄幼虫结疏松网在叶背群集取食叶肉，受害部位呈半透明网状窗斑；大龄后幼虫分散危害，可将叶片吃成孔洞、缺刻，严重时全部叶片被食尽，整个植株死亡；能蛀食甜椒、番茄等蔬菜的果实，形成蛀孔、蛀道；整条幼虫钻入果内取食并排留粪便，造成落果、烂果。

甜菜夜蛾几种虫态：幼虫（左），蛹（中），成虫（右）

甜菜夜蛾幼虫为害黄秋葵

甜菜夜蛾幼虫在辣椒叶片上取食、缀丝、排粪

甜菜夜蛾在辣椒果蛀孔内化蛹（左）和羽化（右）

3．豆野螟

豆野螟（*Maruca testulalis*）为害豆科蔬菜。成虫产卵于花蕾、叶柄及嫩荚上，孵化的幼虫能为害豆叶、花及豆荚。幼虫为害叶片时，常吐丝把两叶粘在一起，躲在其中咬食叶肉、残留叶脉；为害叶柄或嫩茎时，咬伤茎的一侧导致植株萎蔫至凋萎。蛀食荚果则形成蛀孔和蛀道，幼虫蛀入荚果内取食幼嫩的种粒，蛀孔内外堆积虫粪。

主要寄主作物：豇豆、菜豆、扁豆、四季豆、豌豆、蚕豆、菜用大豆等豆科蔬菜。

豆野螟：幼虫（左），幼虫缀丝卷叶（中），蛀食豇豆荚（右）

4. 豇豆亮灰蝶

豇豆亮灰蝶（*Lampides boeticus*），又称曲纹灰蝶、曲斑灰蝶。幼虫通常以豆科蔬菜的果荚和花序为食。低龄幼虫取食花蕾，高龄幼虫蛀食豆荚，形成蛀孔。

主要寄主作物：扁豆、菜豆、豇豆、豌豆、蚕豆、刀豆、赤豆、绿豆等豆科蔬菜。

豇豆亮灰蝶为害豇豆：成虫（上），取食中的幼虫（下左），蛀孔（下右）

5. 棉铃虫

棉铃虫（*Helicoverpa armigera*），以幼虫为害蔬菜。幼虫聚集于蔬菜的叶、花和果实上。低龄幼虫取食蔬菜的嫩芽和嫩叶，形成孔洞和缺刻；大龄幼虫蛀甜椒、番茄果实，造成蛀孔和蛀道，在果实内聚集和排泄粪便，造成落果、烂果。

棉铃虫杂食性，为害西葫芦、豌豆、辣椒和番茄等多种蔬菜。

棉铃虫幼虫（左）和成虫（右）

棉铃虫幼虫蛀食辣椒果实

6. 瓜绢螟

瓜绢螟（*Diaphania indica*）是为害瓜类的主要害虫。低龄幼虫取食叶片下表皮及叶肉，仅留上表皮；大龄幼虫能将叶片吃成缺刻，仅留叶脉。幼虫取食瓜果表皮形成花斑，能蛀食皮下瓜肉形成蛀孔和蛀道，整条幼虫潜入瓜内取食瓜肉，导致烂瓜。

瓜绢螟能为害黄瓜、苦瓜、丝瓜、冬瓜、番茄、茄子等蔬菜。

瓜绢螟成虫（左）和幼虫（右）

瓜绢螟幼虫取食黄瓜叶片

瓜绢螟幼虫啃食丝瓜叶片（左）和蛀食丝瓜果（右）

7. 二化螟

二化螟（*Chilo suppressalis*）又称蛀心虫、蛀秆虫、枯心虫，它是茭白的重要害虫。以幼虫蛀食茭白植株的叶鞘、茎和茭肉。幼虫蛀食叶鞘，造成鞘腐和枯鞘，枯鞘上部的叶片枯黄；结茭期幼虫蛀入肉质茎造成危害，产生枯茎和虫蛀茭，严重影响产量和品质。

二化螟成虫（左）和幼虫（右）

茭白二化螟为害造成枯鞘

茭白二化螟枯鞘形态（左）和鞘腐（右）

8. 瓜实蝇

瓜实蝇（*Bactrocera cucurbitae*），为害黄瓜、西葫芦、丝瓜、苦瓜、南瓜等葫芦科蔬菜。成虫和幼虫协同危害，成虫产卵管刺入幼瓜表皮内产卵，幼虫孵化后即在瓜内蛀食。受害的瓜先从产卵孔开始变黄腐烂，腐烂组织向瓜内扩展，导致全瓜腐烂，造成落瓜；产卵孔有时不腐烂，在孔口处凝集流胶，或导致瓜弯曲变畸形，受害瓜的果皮僵硬，瓜味苦涩，严重影响瓜的品质和产量。

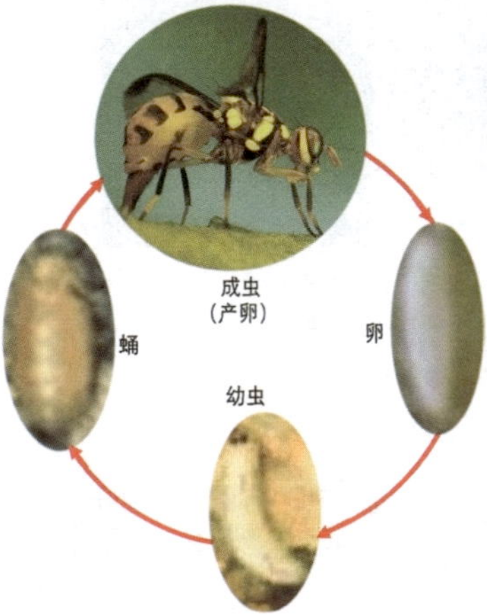

瓜实蝇生活史

苦瓜上瓜实蝇产卵孔（左），产卵孔横切面（右上）和纵切面（右下）

瓜实蝇在南瓜上产卵（左），产卵孔腐烂（中），瓜腐烂（右）

瓜实蝇在瓠瓜上产卵，导致瓜畸形弯曲

瓜实蝇在丝瓜上的产卵孔（左），卵及产卵中的成虫（右）

9. 美洲斑潜蝇

美洲斑潜蝇（*Liriomyza sativae*）雌成虫用产卵器刺伤植物叶面，吸食汁液并产卵；幼虫孵化后钻蛀取食叶肉，在叶面上产生不规则弯曲的白色虫道，叶片叶绿素被破坏，受害叶片干枯。

美洲斑潜蝇是多食性害虫，对葫芦科、豆科和茄科蔬菜造成较大危害。

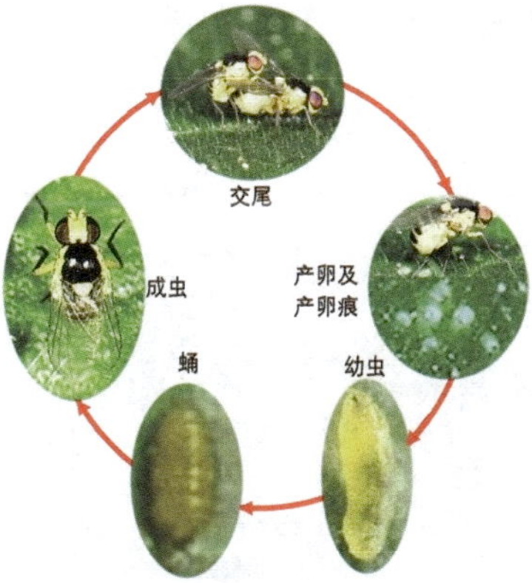

美洲斑潜蝇生活史

美洲斑潜蝇产卵于瓠瓜叶片上

美洲斑潜蝇幼虫蛀食黄瓜叶片

美洲斑潜蝇蛀食西葫芦叶片

10. 豌豆潜叶蝇

豌豆潜叶蝇（*Chromatomyia horticola*）成虫用产卵器刺破叶表皮，吸食汁液和产卵，在叶面上形成许多白点状伤痕。幼虫在叶片组织中潜食叶肉，仅留上下表皮，形成迂回曲折的白色蛀道。严重时全叶枯萎，直接影响叶菜类蔬菜的商品价值，也影响荚果类蔬菜的果荚、果实的质量和产量。

寄主范围广泛，主要有甜豌豆、荷兰豆、蚕豆、扁豆等豆科蔬菜；白菜、萝卜、甘蓝等十字花科，番茄、辣椒、茄子、马铃薯等茄科蔬菜，还有大蒜、洋葱、茼蒿等多种蔬菜。

豌豆潜叶蝇成虫、幼虫和蛹

潜叶蝇蛀食辣椒叶片，形成白色虫道

11. 豆秆蝇

豆秆蝇（*Melanagromyza sojae*），又名豆秆黑潜蝇。成虫吸食花蜜，雌虫以产卵器刺破叶片表皮产卵和吮吸汁液，造成白色伤痕。初孵幼虫经叶脉、叶柄的幼嫩部位蛀入主茎取食髓部，造成茎秆中空，受害植株逐渐枯死。

寄主有大豆、赤豆、青豆、绿豆、四季豆、豇豆等豆科植物。

豆秆蝇成虫（左）和幼虫（右）

豆秆蝇为害毛豆（左）和豇豆（右）

发生规律

蔬菜蛀食性害虫具有两大特点：多代性和多食性。

多代性害虫（多化性害虫）：烟青虫5~6代，甜菜夜蛾5~7代，豆野螟4~5代、棉铃虫5~7代、瓜绢螟4~7代、瓜实蝇6~8代、潜叶蝇4~6代。

多食性害虫：害虫代数的多少与食物来源及食谱范围有关。多代性害虫食物源较广泛和丰富、生活周期短。例如：豆野螟能为害各类豆科植物，幼虫还能取食豆叶、花和果荚；潜叶蝇能为害130种以上的植物，成虫能吸食叶片汁液，幼虫能蛀食叶肉。

具有多代性和多食性特点的害虫，只要气候条件（温度和湿度）适宜，田间管理不善就极易暴发虫害。

防控措施

农业防控：①田园卫生。蔬菜收获后要彻底清除菜地上残留的虫伤株叶和虫伤瓜果，清除栽培环境中的杂草和其他宿主植物，消灭和减少害虫迁移危害。②健康栽培。增施有机肥和生物菌肥；移栽无病虫的健壮种苗；合理肥水管理、合理密植；地面覆膜控制湿度。

理化诱控：①灯光诱杀。蔬菜大棚或菜园安装黑光灯、频振式杀虫灯等，能有效诱杀夜蛾类和螟蛾类害虫成虫，降低田间落卵量，压低害虫基数。②化学诱杀。糖醋诱杀液能诱杀多种夜蛾类成虫。③色板诱杀。菜园按一定距离悬挂或插放黄色诱虫板，可诱杀潜蝇类成虫。

药剂防控：卵孵化盛期和低龄幼虫盛发期进行药剂防控。①生物源农药阿维菌素3%可湿性粉剂800~1000倍液喷施，可防控斑潜蝇、潜叶蝇、棉铃虫、烟青虫等害虫。②化学农药唑虫酰胺15%乳油1200~2000倍液，或高效氯氰菊酯5%可湿性粉剂800~1000倍液喷施，可防控蛀食性蛾类和蝇类害虫；灭蝇胺70%可湿性粉剂3000~4000倍液喷施可防控美洲斑潜蝇等潜蝇类害虫。二嗪磷50%乳油500~800倍液喷施可防控二化螟。

（三）吸食性害虫

吸食性害虫以刺吸式口器或锉吸式口器吸食植物组织的汁液。刺吸式口器的害虫有蚜虫、粉虱、叶蝉、蝽、植食性螨类等；锉吸式口器的害虫有蓟马。这些害虫都属于小体型群集性危害的害虫。吸食性害虫的危害状有时与病害症状相似，可以归纳为以下类型：①畸形：如蓟马能引起植物叶片卷曲畸形。②变色：叶螨刺吸叶片汁液导致叶片失绿产生褪绿黄斑。③衰退萎蔫：根螨为害植物根系，导致地上部植株黄化、衰退和萎蔫。④病虫复合症：蚜虫和粉虱能传播蔬菜病毒病，引起煤污病。吸食性害虫大多数在植物表面群集性危害，在受害的植物上容易发现虫体。

实例

1. 蚜虫

（1）菜蚜

菜蚜（*Lipaphis erysimi*）别名菜缢管蚜、萝卜蚜。虫体呈卵形，体色黄绿色或覆以少量白色蜡粉。菜蚜以成虫、若虫密集分布蔬菜叶片背面或留种菜株的嫩叶、嫩梢上。受害蔬菜叶片发黄、有褪绿斑，幼嫩叶片卷曲皱缩、植株矮小，包菜不能包心结球。留种菜株受害不能正常抽薹、开花和结籽。蚜虫还会传播蔬菜病毒病，蚜虫分泌的蜜露可以诱发煤污病。

主要为害白菜、萝卜、芥菜、甘蓝、花椰菜等十字花科蔬菜。

（2）桃蚜

桃蚜（*Myzus persicae*）具无翅蚜和有翅蚜两种虫态。无翅蚜体色深绿，有时呈黄色和樱红色；其体色可随季节、虫态和龄期而变化，春季为绿色，夏季黄绿色或黄白色，秋季红褐色。成虫和若虫在叶片、嫩茎、花梗等部位吸食汁液。为害叶片时，多群集于叶背面取食，导致叶片变黄、皱缩。

桃蚜能传播多种植物病毒，分泌蜜露诱发煤污病。

桃蚜为多食性害虫，常见寄主有十字花科、茄科、锦葵科、旋花科、葫芦科等蔬菜。

菜蚜为害白菜

菜蚜为害甘蓝

菜蚜为害黄秋葵形成卷叶

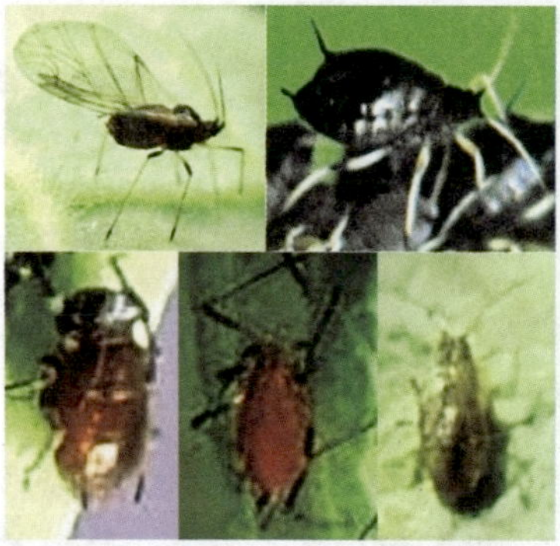

桃蚜：有翅蚜（左上）及各种体色的无翅蚜

桃蚜为害豇豆（左）和辣椒（右）

桃蚜：茄叶上的有翅蚜（左）和煤污病（右）

桃蚜为害芋：芋叶上的蚜虫（左上）和煤污病（左下），蚂蚁取食蚜虫分泌物（右）

2. 烟粉虱

烟粉虱（*Bemisia tabaci*）成虫和若虫刺吸寄主汁液造成危害。受害植株叶片出现白色小点，沿叶脉变为银白色，逐渐扩展至全叶呈银白色，严重时植株多数叶片呈银白色，植株生长衰弱。

为害十字花科、茄科、葫芦科、豆科等蔬菜，黄瓜、西葫芦、番茄、茄子受害较严重。

烟粉虱若虫（左）和成虫（右）

烟粉虱为害茄子

烟粉虱若虫为害黄瓜叶片（正面）

烟粉虱若虫为害黄瓜叶片（背面）

3. 蓟马

（1）黄蓟马

黄蓟马（*Thrips flavus*）。

辣椒蓟马害：辣椒果皮受害后失绿而呈现黄褐色条斑。

茄蓟马害：茄子叶片受害后出现灰白色或灰褐色条斑，并且易诱发煤污病；受害果实畸形，果柄和果面产生成片的铁锈斑，受害部表皮僵硬，无商品价值。

黄蓟马为害辣椒

黄蓟马为害茄子的叶片和果实

四季豆蓟马害：四季豆荚果受害后豆荚表面产生成片暗褐色斑块，斑块腐烂呈木栓化。

生姜蓟马害：生姜上蓟马成虫和若虫锉吸姜的心叶、嫩梢、嫩叶的汁液，使被害嫩叶变硬缩小，植株生长缓慢，嫩芽和嫩叶卷缩，心叶不能正常张开，出现畸形。

黄蓟马为害四季豆

黄蓟马为害生姜

（2）花蓟马

花蓟马（*Frankliniella intonsa*），又称台湾蓟马。以成虫和幼虫锉吸辣椒叶片、花器和幼果的汁液。苗期为害造成叶片皱缩、粗糙，形成枯斑；花期群集为害花蕾、花瓣、花蕊，导致花蕾脱落、花瓣皱缩、花蕊腐烂；椒果期为害造成幼椒果皮产生褪绿斑，椒果老化、僵硬、果柄黄化。

花蓟马为害辣椒的叶、花

（3）豇豆蓟马

豇豆蓟马（*Ayyari chaetophora*）以成虫和若虫的锉吸式口器吸食豇豆茎蔓、嫩叶、花和荚果的汁液，导致叶片皱缩、小叶、卷曲皱缩；花期为害导致花蕾黄化脱落、花瓣黄化萎缩、花萼边缘焦枯、花蕊腐烂；豆荚短小、豆荚表面出现褐锈色斑块；茎蔓生长点萎缩，生长缓慢或停止。

（4）花生蓟马

花生蓟马（*Megalurothrips distalis*）为害花生、蚕豆、豌豆、豇豆等豆科植物。成虫和若虫取食植物的叶、枝、花、荚果的汁液。花生嫩叶被害后呈现褪绿或黄色斑点和条斑，叶片卷曲、皱缩、枯死。

豇豆蓟马为害豇豆造成僵花、皱叶、锈荚

花生蓟马（左）及花生叶片被害状（右）

4. 茄叶蝉

茄叶蝉（*Empoasca biguttula*）以成虫和若虫在叶背吸取茄叶汁液，叶受害后叶尖和叶缘变黄，并逐渐向叶片中部扩大，导致叶片卷缩畸形、焦枯，植株矮小、枯死。

寄主有茄子、马铃薯、豆类、白菜、番茄、甘薯、空心菜、南瓜、芥菜等蔬菜。

茄叶蝉成虫（左）和若虫（右）

茄叶蝉为害茄叶片

5. 蝽

（1）方翅网蝽

方翅网蝽（*Corythucha*）成虫和若虫群集于甘薯叶片背面吸食汁液，最初造成黄白色斑点和叶片失绿，叶背面常有黑褐色排泄及污染物，严重时全叶失绿、变黑干枯。

（2）棉红蝽

棉红蝽（*Dysdercus cingulatus*）以成虫、若虫吸食黄秋葵叶和果实汁液。叶片受害形成黄白色斑点，严重为害致使叶片焦枯。果实受害果面出现褐斑，果肉僵硬。

方翅网蝽成虫

方翅网蝽若虫、成虫为害甘薯叶片

棉红蝽成虫

棉红蝽为害黄秋葵

6. 螨

（1）朱砂叶螨

朱砂叶螨（*Tetranychus cinnabarinus*），又称红蜘蛛。

茄子螨害：成螨、幼螨在叶背的叶脉附近吸取汁液，被害叶片上出现许多细小白点，后期被害叶片发黄、焦枯、脱落，植株早衰。朱砂叶螨可在植株表面拉丝爬行，借风传播。

番茄螨害：成螨、幼螨在叶背的叶脉附近吸取汁液，被害叶片上出现许多细小白点，叶肉发白，叶脉保持绿色，叶缘向上卷，叶片呈匙状；受害严重的叶片黄化、焦枯、脱落，植株早衰。幼螨有向上爬行的习性。常在叶端群集成橘红至鲜红色的锥状螨堆。

朱砂叶螨（左）和为害茄叶（右）

茄子朱砂叶螨为害状

朱砂叶螨成螨和卵（左下），受害番茄叶片背面（左）和正面（右）

番茄朱砂叶螨为害状：叶缘向上卷曲，枝叶枯死

番茄植株上的朱砂叶螨螨堆（左）及螨堆形状（右）

（2）茶黄螨

茶黄螨（*Polyphagotarsonemus latus*）。

辣椒螨害：成螨和幼螨集中在辣椒植株的幼芽、嫩叶、花、幼果等幼嫩部位吸食汁液。被害叶片增厚僵直、变小或变窄，叶背呈黄褐色，叶缘向下卷曲；花蕾畸形，果实变褐色，植株矮缩。

茶黄螨为害茄子、番茄、苦瓜、丝瓜、黄瓜、豇豆、菜豆、萝卜、芥菜等蔬菜。

（3）根螨

根螨（*Rhizoglyphus*）。

黄瓜螨害：根螨的成螨和幼螨为害黄瓜根系、聚集根表皮造成食痕和伤口，导致须根脱落和根萎缩、腐烂。成螨在受害根上产卵，卵孵化后在受害部位有多个微小的白色螨体。黄瓜根受根螨为害后，地上部叶片发黄焦枯、藤蔓凋萎枯死。

茶黄螨（左）和为害辣椒花蕾、叶片（右）

茶黄螨为害辣椒枝叶（左）和花果（右）

黄瓜螨害：根螨卵、幼螨和成螨（左），田间为害状况（右）

黄瓜螨害：根腐烂（左）和烂根组织中的幼螨（右）

发生规律

吸食性害虫大多数是不全变态类型的昆虫，其若虫和成虫均可为害植物。繁殖方式有两性生殖或孤雌生殖，繁殖力强，年发生代数多，多数有世代重叠，能在短期间暴发成灾。吸食性害虫以口针刺吸植物嫩叶、嫩芽、新梢、花器、幼果等幼嫩器官或组织中的汁液；越冬虫态多样，能以成虫、若虫和卵在受害植物组织、枯枝落叶、土壤、杂草中越冬。吸食性害虫多数虫体微小，其扩散和传播主要靠气流、接触及苗木等途径；各种农事操作可以造成害虫在植株间和田块间传播。

防控措施

农业防控：①田园卫生。蔬菜收获后要彻底清除菜地上残留的虫害残株落叶，清除栽培环境中的杂草和其他宿主植物，消灭和减少越冬虫源。②健康栽培。及时翻耕松土，合理灌溉，配合地面覆膜控制湿度；合理施肥，增施有机肥和生物菌肥；促进植株健壮，增强抗虫害能力。③驱虫栽培。韭菜散发的气体对蚜虫有驱赶作用，将韭菜与易感蚜虫的蔬菜混合种植，可降低蚜虫的密度，减轻蚜虫对蔬菜的危害。

理化诱控：①化学诱杀。糖醋液诱杀蚜虫：将配好的糖醋液（酒、水、糖和醋，比例是 1 ∶ 2 ∶ 3 ∶ 4）装入宽口盆中，在傍晚时分放在蚜虫较多的地方诱杀蚜虫。②色板诱杀。蓝板诱杀蓟马成虫：每亩地使用 30 厘米 ×40 厘米蓝板 20~25 块，高出作物上部 15~25 厘米排放；黄板诱杀蚜虫：按以上方法在甜椒地周围设置黄板，可以大量诱杀有翅蚜。③地膜驱阻：用银灰色地膜覆盖畦面，可以驱避蚜虫为害和减少病毒病发生；覆盖地膜，可阻隔蓟马若虫落入土壤化蛹，阻断其生活史。

药剂防控：卵孵化盛期和低龄若虫盛发期进行药剂防控。①生物源农药阿维菌素 1.8% 乳油或 3% 可湿性粉剂 800~1000 倍液喷施，可防控蚜虫、蓟马和害螨。藜芦碱 0.5% 可溶液剂 1000~1500 倍液喷施可防控红蜘蛛、茶黄螨等。②化学农药防控蚜虫、蓟马、粉虱、蝽、螨等害虫，可选用唑虫酰胺 15% 乳油 1200~2000 倍液，噻嗪酮 25% 可湿性粉剂 1000~2000 倍液、吡虫啉 10% 可湿性粉剂 800~1000 倍液、吡蚜酮 25% 可湿性粉剂 800~1000 倍液、虫螨腈 24% 悬浮剂 2000~3000 倍液、啶虫脒 5% 可湿性粉剂 2000 倍液、噻虫嗪 25% 水分散粒剂 2000~3000 倍液、高效氯氰菊酯 5% 可湿性粉剂 2000~3000 倍液喷施。施药时要注意保护蔬菜的幼嫩器官或组织，要药剂轮用，以免产生抗药性。对根螨的防控可选用以上药液浇灌植株基部，使药液渗入土壤。